U0257480

社会风俗系列

饮食史话

A Brief History of Chinese Diet

王仁湘 / 著

社会科学文献出版社
SOCIAL SCIENCES ACADEMIC PRESS (CHINA)

图书在版编目（CIP）数据

饮食史话/王仁湘著. —北京：社会科学文献出版社，2012.7
（中国史话）
ISBN 978－7－5097－2799－7

Ⅰ.①饮… Ⅱ.①王… Ⅲ.①饮食－文化史－中国－古代 Ⅳ.①TS971

中国版本图书馆CIP数据核字（2011）第216096号

“十二五”国家重点出版规划项目

中国史话·社会风俗系列
饮食史话

著　　者／王仁湘

出 版 人／谢寿光
出 版 者／社会科学文献出版社
地　　址／北京市西城区北三环中路甲29号院3号楼华龙大厦
邮政编码／100029

责任部门／人文分社（010）59367215
电子信箱／renwen@ssap.cn
责任编辑／范　迎　安书祉
责任校对／岳书云
责任印制／岳　阳
总 经 销／社会科学文献出版社发行部
（010）59367081　59367089
读者服务／读者服务中心（010）59367028

印　　装／北京画中画印刷有限公司
开　　本／889mm×1194mm　1/32　印张／6.625
版　　次／2012年7月第1版　字数／130千字
印　　次／2012年7月第1次印刷
书　　号／ISBN 978－7－5097－2799－7
定　　价／15.00元

本书如有破损、缺页、装订错误，请与本社读者服务中心联系更换

总 序

中国是一个有着悠久文化历史的古老国度，从传说中的三皇五帝到中华人民共和国的建立，生活在这片土地上的人们从来都没有停止过探寻、创造的脚步。长沙马王堆出土的轻若烟雾、薄如蝉翼的素纱衣向世人昭示着古人在丝绸纺织、制作方面所达到的高度；敦煌莫高窟近五百个洞窟中的两千多尊彩塑雕像和大量的彩绘壁画又向世人显示了古人在雕塑和绘画方面所取得的成绩；还有青铜器、唐三彩、园林建筑、宫殿建筑，以及书法、诗歌、茶道、中医等物质与非物质文化遗产，它们无不向世人展示了中华五千年文化的灿烂与辉煌，展示了中国这一古老国度的魅力与绚烂。这是一份宝贵的遗产，值得我们每一位炎黄子孙珍视。

历史不会永远眷顾任何一个民族或一个国家，当世界进入近代之时，曾经一千多年雄踞世界发展高峰的古老中国，从巅峰跌落。1840 年鸦片战争的炮声打破了清帝国“天朝上国”的迷梦，从此中国沦为被列强宰割的羔羊。一个个不平等条约的签订，不仅使中国大量的白银外流，更使中国的领土一步步被列强侵占，国库亏空，民不聊生。东方古国曾经拥有的辉煌，也随着西方列强坚船利炮的轰击而烟消云散，中国一步步堕入了半殖民地的深渊。不甘屈服的中国人民也由此开始了救国救民、富国图强的抗争之路。从洋务运动到维新变法，从太平天国到辛亥革命，从五四运动到中国共产党领导的新民主主义革命，中国人民屡败屡战，终于认识到了“只有社会主义才能救中国，只有社会主义才能发展中国”这一道理。中国共产党领导中国人民推倒三座大山，建立了新中国，从此饱受屈辱与蹂躏的中国人民站起来了。古老的中国焕发出新的生机与活力，摆脱了任人宰割与欺侮的历史，屹立于世界民族之林。每一位中华儿女应当了解中华民族数千年的文明史，也应当牢记鸦片战争以来一百多年民族屈辱的历史。

当我们步入全球化大潮的 21 世纪，信息技术革命迅猛发展，地区之间的交流壁垒被互联网之类的新兴交流工具所打破，世界的多元性展示在世人面前。世界上任何一个区域都不可避免地存在着两种以上文化的交汇与碰撞，但不可否认的是，近些年来，随着市场经济的大潮，西方文化扑面而来，有些人唯西方为时尚，把民族的传统丢在一边。大批年轻人甚至比西方人还热衷于圣诞节、情人节与洋快餐，对我国各民族的重大节日以及中国历史的基本知识却茫然无知，这是中华民族实现复兴大业中的重大忧患。

中国之所以为中国，中华民族之所以历数千年而不分离，根基就在于五千年来一脉相传的中华文明。如果丢弃了千百年来一脉相承的文化，任凭外来文化随意浸染，很难设想13亿中国人到哪里去寻找民族向心力和凝聚力。在推进社会主义现代化、实现民族复兴的伟大事业中，大力弘扬优秀的中华民族文化和民族精神，弘扬中华文化的爱国主义传统和民族自尊意识，在建设中国特色社会主义的进程中，构建具有中国特色的文化价值体系，光大中华民族的优秀传统文化是一件任重而道远的事业。

当前，我国进入了经济体制深刻变革、社会结构深刻变动、利益格局深刻调整、思想观念深刻变化的新的历史时期。面对新的历史任务和来自各方的新挑战，全党和全国人民都需要学习和把握社会主义核心价值体系，进一步形成全社会共同的理想信念和道德规范，打牢全党全国各族人民团结奋斗的思想道德基础，形成全民族奋发向上的精神力量，这是我们建设社会主义和谐社会的思想保证。中国社会科学院作为国家社会科学研究的机构，有责任为此作出贡献。我们在编写出版《中华文明史话》与《百年中国史话》的基础上，组织院内外各研究领域的专家，融合近年来的最新研究，编辑出版大型历史知识系列丛书——《中国史话》，其目的就在于为广大人民群众尤其是青少年提供一套较为完整、准确地介绍中国历史和传统文化的普及类系列丛书，从而使生活在信息时代的人们尤其是青少年能够了解自己祖先的历史，在东西南北文化的交流中由知己到知彼，善于取人之长补己之短，在中国与世界各国愈来愈深的文化交融中，保持自己的本色与特色，将中华民族自强不息、厚德载物的精神永远发扬下去。

《中国史话》系列丛书首批计200种，每种10万字左右，主要从政治、经济、文化、军事、哲学、艺术、科技、饮食、服饰、交通、建筑等各个方面介绍了从古至今数千年来中华文明发展和变迁的历史。这些历史不仅展现了中华五千年文化的辉煌，展现了先民的智慧与创造精神，而且展现了中国人民的不屈与抗争精神。我们衷心地希望这套普及历史知识的丛书对广大人民群众进一步了解中华民族的优秀文化传统，增强民族自尊心和自豪感发挥应有的作用，鼓舞广大人民群众特别是新一代的劳动者和建设者在建设中国特色社会主义的道路上不断阔步前进，为我们祖国美好的未来贡献更大的力量。

陈奎元

2011年4月

作者小传

1950年出生，湖北天门人。

考古学家，中国社会科学院考古研究所研究员。

主要从事中国史前考古学研究，长期从事田野考古发掘工作，先后主持中国社会科学院考古研究所四川队、西藏队、甘青队、三峡队、云南队的工作，在边疆区域作过多次大范围考古调查，发掘了若干重要古代遗址，撰写了多部考古报告，并主编了一系列考古学丛书。

近20多年来，结合丰富的文献资料，以考古学的视角在饮食文化方面进行了一系列研究，对中国古代饮食文化进行多角度诠释，著有《饮食与中国文化》、《中国古代进食具匕、箸、叉研究》和《往古的滋味》等。

目录

一 火食起源

茹毛饮血

人类的饮食方式，最初同一般动物并无多大区别，不知烹饪为何物，只是生吞活剥，按先哲们的话说，叫做“茹毛饮血”。对于人类这一段艰难的漫长历程，汉代及汉代以前的许多古代学者都有过推测。

《白虎通义》说：“古之时未有三纲六纪，民人但知其母，不知其父……饥即求食，饱即弃余，茹毛饮血而衣皮苇。”《礼记·礼运》说：“昔者先王未有宫室，冬则居营窟，夏则居橧巢。未有火化，食草木之实，鸟兽之肉，饮其血，茹其毛。”这是说在人类之初，没有后来的婚姻制度，所以人们只知母亲，而不知父亲是谁。寒冷的冬天住在洞窟里，炎热的夏季则睡在树枝架起的棚巢上。那时还不知用火，所以是生吃鸟兽之肉和草、木果实，渴了喝动物的血和溪里的水，冷了就披上兽皮。

生活在东北黑龙江地区的鄂伦春人，他们在学会火食以后，烤肉煮肉都只做到五六分熟，食者认为熟透了反而不好吃，实际上他们的胃口是适宜生食的。贵州地区有的苗族也喜食生肉，东北的赫哲族则爱吃生鱼。这表明，进入火食时代以后，人类或多或少地还怀念着过去那种茹毛饮血的生活，常常要体味祖先所创造的那种生活模式。这种茹毛饮血时代的传统烙印，还不知要经过多少年的反复才能完全磨平。

2 人工取火

饥饿、寒冷与黑暗，汇成一片苦海，最初的人类在这苦海中挣扎。自从人类掌握了用火，发明了取火和保存火种的方法，便获得了光明、温暖和熟食。

人类最早使用的是天然火，天然火时有发生，人类起初见到熊熊烈火，同其他动物一样，都要避而远之，逃之夭夭。但是人与动物毕竟是有区别的，在一处不大的火区，在大火熄灭后的余烬中，他们在恐惧中感觉到了温暖，于是便有意收集一些柴草，将火种延续下来，借此度过那难熬的严寒。有时在烈焰吞噬的森林中，也会发现一些烧死的野兽和烤熟的坚果，取过一尝，别有一番滋味，于是人类开始了烧烤食物的试验，不知不觉间将烹饪发明了出来。

人类最早用火的确切证据还没有找到，开始用火的年代不得而知。周口店北京人洞穴发现过用火遗迹，在洞穴厚达 4～6 米的灰烬层中，夹杂着一些烧裂的石块和烧焦的兽骨，还有烧过的朴树子。北京人的年代最早距今 70 万年。在其他较早的人类化石地点，也曾发现过炭层和烧骨，有人认为是用火的遗迹。

中国古代将远古燃起第一把人造火的功劳判给“燧人氏”。燧人氏是谁？是“造火者”。虽然肯定有最先造出火的人，他的真实名字却没有流传下来，也许他根本就没有一个像样的名字，出于感戴，古人称他为燧人氏，以纪念他的伟大发明。晋人王嘉的《拾遗记》一书，对燧人氏造火有生动的想象，燧人氏钻火的传说还见于《韩非子·五蠹》及张华的《博物志》。我们尽可不必相信王嘉等人记述的神话，但谈到造火者是因受某种自然现象的启发而用钻木方法钻得火出，却是合乎情理的推想。在古代，不仅有燧人氏造火的说法，也有说黄帝或伏羲造火的，但都只是传说而已。

钻木取火至今还保存在一些民族中。海南的黎族的做法是，用一块山麻木削成砧板，在一侧挖成若干小穴，穴底刻一竖槽，槽下有导燃的艾绒。当用一根细木杆垂直快速地在穴孔上钻动时，摩擦部位发热以至冒出火星，火星通过竖槽降落到艾绒上，艾绒就被点燃了。云南的佤族则用硬木在蒿杆上钻火，钻出的火星可将火草点燃。他们还用藤条或竹篾绕在木棒上来回拉锯，也能锯出火星来。熟练的人只需几分钟就能钻锯出火，高超的钻手十秒钟就足够了。钻火实际是钻取火星，要取得火星并不只限于钻木一途。如果敲击石块，火星似乎要来得更容易一些。在制作石器的过程中，石料碰击会迸出火星，这火星偶尔引燃了植物细纤维，人们由此而发明出击石取火。通过不断摸索，后来终于找到铁矿石同坚硬的燧石相击的更有效的方式，这样可以很容易得到足够点燃火草等易燃物的火星。

火在起初的用途是有限的，也许只有取暖和熟食两大项。此外，火还可以用来猎取野兽和防备猛兽袭击，火是工具，也是武器。自从人工取火成功，人们再也不用担心篝火突然熄灭，他们已经一跃而成为火的主人。

人类自从有了自己造出的火，开始有比较稳固的火化熟食，而后大大加快了进化的速度，体质形态越来越接近于现代人。有了人工火，它照耀着人类进化之路。如果没有这火，我们现在必定还在猿人圈里徘徊。

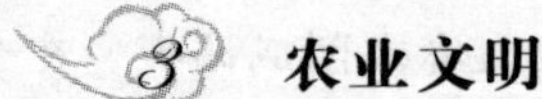

3 农业文明

当男人们四处打猎之时，女人们也忙碌不停，纷纷到驻地附近采集果实。春去秋来，开花结果，这样年复一年无穷反复的规律，起初使人迷惑不解，但思考和探索早已开始了。大概是将吃剩的植物子实扔在驻地附近，于是发芽、开花、结实，人们观察到一个完整的生长过程，收集到无意种出的果实。人类在这个基础上又有意地进行了无数次试验，也不知经过了多少代人的经验积累，终于他们不再感到惊奇，他们成功了，农业时代到来了。这个过程被现代科学家称之为“绿色革命”，这个革命的生力军无疑是妇女，妇女为人类创造了新的生机。

中国古代将农业的发明归功于神农氏。《白虎通义》说：“古之人民，皆食禽兽肉，至于神农，人民众多，禽兽不足。于是神农因天之时，分地之利，制耒耜，教民农作。”《新语·道基》也说：“至于神农，以为行虫走兽难以养民，乃求可食之物，尝百草之实，察酸苦之味，教民食五谷。”这是说在禽兽不足以维持人们的生活时，神农发明农具，教人们根据天时地利进行种植，使谷物成为主要的食物来源。神农当然也是传说人物，又称烈山氏、厉山氏，被后世奉为农神。

最初的农业种植不仅规模小，方法也很原始。后来经历刀耕火种的阶段，发展到进步的锄耕农业，人们懂得了土地开垦、休耕、施肥、灌溉等耕作技术，种植面积扩大了，栽培作物品种也逐渐增加了。生产用的工具也不断加以改进，发明了磨光石器，提高了土地开垦效率。考古学家把原始种植业和磨光石器的使用以及家畜饲养业，作为新石器时代到来的重要标志，这三者之间有着不可分割的联系。

西亚地区的新石器革命，完成了大麦、小麦的栽培，以及山羊、绵羊、猪、牛的驯化，这大约有将近1万年的历史。美洲新大陆的中南部，公元前五六千年开始种植西葫芦，此后又成功栽培南瓜、菜豆和玉米。农业耕作在中国一开始就形成了南北两个不同的类型，不论谷物品种或栽培方式都存在一定差别，这都是地理自然条件所决定的。

在黄河流域广大干旱地区，尤其在黄土高原地带，气候干燥，适宜旱作，占首要地位的粮食作物是粟，俗称小米。小米遗存在一些最早的新石器时代遗址都有发现，在稍晚的仰韶文化、大汶口文化及龙山文化遗址中也均有出土。它或被装入陶罐，作为随葬品埋入墓中，或作为储备埋藏在地窖内，其最早年代可追溯到距今 9000 年前，是世界上见到的最古老的小米实物。在华北与粟同样悠久的栽培作物还有黍，俗称黄米。与小米相比，它的种植范围可能稍小一些。另外，北方在文明时期广泛种植的大小麦，新石器时代似乎没有普遍种植。新石器时代末期小麦在黄河流域以及新疆地区已有种植，近些年考古发现了许多小麦遗存。

华南地区气候温暖湿润，雨量充沛，河湖密布，因而大面积种植的是水稻。较早的栽培稻实物出土于江浙地区的河姆渡文化和马家浜文化遗址，距今约为 7000 年。在河姆渡遗址一些炊器的底部，还保留有大米饭的焦结层，有的饭粒还相当完整。那时的水稻已区分为粳、籼两个品种，表明水稻的驯化在此之前很早就完成了。后来在湖南澧县彭头山发现距今 9000 年前的稻谷遗存和农业生产工具、陶器等，湖南道县玉蟾岩和江西万年仙人洞遗址发现了距今 1 万年以上的稻作遗存，这些发现表明长江中游地区可能是稻作农业的发祥地之一。

古代常有“五谷”、“六谷”之说，包含的内容不很一致，一般指的是稷、黍、麦、菽、麻、稻，除麦和麻以外，都有 7000 年以上的栽培史。蔬菜作物北方出土了油菜子，南方则有葫芦子和完整的葫芦，它们与上述四种粮食作物具有同样悠久的历史。

华北粟类旱地农业，华南稻类水田农业，这个格局自古就影响到南北饮食传统的形成。主食的大不相同，不仅带来了文化上的一些差异，甚至对人的体质发育也产生了深远影响。例如有一种观点就认为，以稻米为主食的部族有旺盛的繁殖力，有性早熟的特点，因为水稻中构成米蛋白质的氨基酸的成分，较其他粮食有很大的不同。

就烹饪方式而言，也因为食物类别不同而显示出一些南北差异，这一点到后来愈趋明显，尤其是面食在北方普及之后。而起初不论是稻米，还是小米乃至小麦，基本都是以粒食为主，差别不是太明显。

中国传统饲养的主要家畜，历来称为“六畜”，即马、牛、羊、鸡、犬、豖（猪），这些家畜在新石器时代都已驯化成功，饲养也比较普遍。到了殷商时代，猪、马和水牛等都有了相当好的品种。家畜驯养成功，不仅为人们提供了新的肉食来源，而且提供了前所未有的力役，这反过来又推动了生产力的进一步发展，人类又掌握了对自然力新的支配权。

4 从石烹到陶烹

最初的熟食，是最简单不过了。既无炉灶，也还不知锅碗为何物，陶器尚未发明，烹饪方式主要还是烧烤。鄂伦春人有时将兽肉直接丢在火堆中烧熟，有时则用树枝将肉串起来，插在篝火旁炙烤。苦聪人吃刺猬时，用泥土包住整个刺猬放入火内烤干，这便是炮。从这类例子中，我们可以看到先民们饮食生活的缩影。

还有一种“石板烧”，不仅有现代民族学的例证，也见诸于古代文字记载。《礼记·礼运》注云：“中古未有釜甑，释米捋肉，加于烧石之上而食之耳。”《古史考》也说：“神农时民食谷，释米加烧石之上食之。”即是说，将米和肉放在烧烫的石板上烤熟再吃。云南独龙族和纳西族，常在火塘上架起石块，在石板上烙饼。

利用石块熟食，还有一种绝妙的做法。东北地区的一些少数民族将烧红的石块投进盛有水和食物的皮容器内，不仅水能煮沸，连肉块也能烹熟，只是投石过程要反复多次以至数十次。云南傣族宰牛后，将削下的牛皮铺在挖好的土坎内，盛上水和牛肉，然后将烧红的石头一块块投进水里。鄂伦春人也用烧石投进桦树皮桶里煮食物，有时还把食物和水装进野兽的胃囊，架在篝火上烧烤。类似办法在世界其他原始民族中也很流行，如平原印第安人也用牛皮当锅烹煮食物。这些方法可称之为无陶烹饪法，在没有发明陶器的时代，可算得上是绝顶高超的烹饪法，人们的美味大餐就用这原始的办法做了出来。

从这些发明看，并不是有了铜鼎铁锅才有美味。类似办法还有许多，比如盛产竹子的南方，人们截一节竹筒，装上生食，煨在炭火中，同样能做出香美的馔品，古时文人称之为“竹釜”。

种植业成为一种获得食物的主要手段，人们的饮食结构发生了根本性的变化。谷物已成为主要的食物，不过如何食用，却成了一大难题。谷物一般不宜生食，起初大概是将谷粒放在石板上热烤，或放在竹筒中烹熟，类似方法说不清延续了多少个世纪。

人们在寻求烹饪谷物新方法的过程中，发明了陶器，人类又完成了一项科学革命。有了陶器，可以将它直接放在火中炊煮，这为从半熟食时代进入完全的熟食时代奠定了基础。陶器显然是为适应新的饮食生活而创造的，当种植业出现以后，人类有了比较稳定的生活来源，不再像过去那样频繁迁徙，开始了定居生活，陶器正是在这种时候来到人们的生活中。最初的陶器多为炊具，也可以证明这一点。制炊具的陶土羼和有砂粒、谷壳、蚌壳末等，具有耐火、不易烧裂和传热快等优点。

定居生活开始，一座座简陋的房屋聚合成村落，人们按一定的社会和家族规范生活其间。这些矮小的住所，既是卧室兼餐厅，同时又是厨房，没有更多的设备，几乎无一例外都有一座灶炕，再就是不多的几件陶器。生活在距今六七千年前的关中地区仰韶文化居民，居住的是半地穴式房屋，上面是木结构的草屋顶。居室中间多半是一个平面像葫芦瓢形的火塘，火塘旁边还埋有一个陶罐，那是专门储备火种的。烹饪用的陶罐可以直接煨在火塘内，也可以用石块支起来。到了龙山文化时期，人们普遍住上了抹得平整光滑的白灰面房子，居室中心仍固定为火灶之所。在寒冷的冬季，当太阳匆匆落下以后，一家人就围着这火灶吃饭、睡觉。进食时极有规矩，长辈将食物按份分给每个家庭成员，大家随意围坐在一起吃。常常也没有固定的早晚餐，谁饿了随时都可以找东西吃。不过食物分配已有较强的计划性，预先要将过冬谷物储备在仓库里——北方多用地窖，全家靠此过冬，一直挨到下一个收获节的到来。

中国的原始陶器，按传说有三人享有发明权，即昆吾、神农和黄帝。《世本》说："昆吾作陶"，又说"神农耕而作陶"。《古史考》说："黄帝始造釜甑，火食之道成矣。"又说"黄帝始蒸谷为饭"、"烹谷为粥"。

最早的加砂炊器都可以称为釜，古人说它是黄帝始造。将"始造釜甑"，以至于成就"火食之道"的功勋，都归于黄帝，是为了附会他"成命百物"的说法。炊器中陶釜的发明具有第一位的重要意义，后来的釜不论在造型和质料上产生过多少变化，它们煮食的原理却没有改变。更重要的是，许多其他类型的炊器几乎都是在釜的基础上发展改进而成。例如甑便是如此。甑的发明，使得人们的饮食生活又产生了重大变化。釜熟是指直接利用火的热能，谓之煮；而甑烹则是指利用火烧水产生的蒸汽能，谓之蒸。有了甑蒸作为烹饪手段后，人们至少可以获得超出煮食一倍的馔品。

中国的甑，在陶器出现之初似乎还没有发明。在中原地区，陶甑在仰韶文化时期已开始出现，但数量不多。到龙山文化时期，甑的使用就十分普遍了，黄河中游地区的每个遗址几乎都能见到陶甑。在水稻产区长江流域，甑的出现较仰韶文化要早出若干个世纪。长江中游地区的大溪文化已有甑，在屈家岭文化中更为流行。长江下游地区的马家浜文化和崧泽文化时都用甑蒸食，河姆渡文化时也已出现陶甑。最早的甑出自跨湖桥文化，年代早到距今 7000 年前。

蒸法是东方世界区别于西方饮食文化的一种重要烹饪方法，这种传统已有了不下 7000 年的历史。直到现在，西方人也极少使用蒸法，像法国这样在烹调术上享有盛誉的国家，据说厨师们连“蒸”的概念都没有。

史前已经发明了附有三足的鼎，这是非常重要的炊器和食器。鼎在长江流域较早见于下游的马家浜文化，河姆渡文化只是晚期才有鼎。中游的大溪文化也只是晚期有鼎，而屈家岭文化则盛行用鼎。河姆渡文化和大溪文化中鼎虽不多见，却发现许多像鼎足一样的陶支座，可将陶釜支立起来，与鼎同功。

与鼎大约同时使用的炊具还有陶炉，南北均有发现，以北方仰韶文化和龙山文化所见为多。仰韶文化的陶炉小而且矮，龙山文化的为高筒形，陶釜直接支在炉口上，类似的陶炉在商代还在使用。南方河姆渡文化陶炉为舟形，没有明确的火门和烟孔，为敞口形式。商周秦汉时期风行的火锅，就是在这些陶炉的基础上不断改进完善的结果。

新石器时代晚期，中原及邻近地区居民还广泛使用陶鬲和陶斝作为炊煮器。这两种器物都有肥大的袋状三足，受热面积比鼎大得多，是两种进步的炊具，它们的使用贯穿整个铜器时代，并普及到一些边远地区。此外还出现了一些艺术色彩浓郁的实用器皿，有的外形塑成动物的样子，表现了饮食生活丰富多彩的一面。

二　历史盛宴

1 鼎食钟鸣

西周建国伊始，统治者接受商王朝倾覆的教训，严禁饮酒。《尚书·酒诰》记载了周公对酒祸的具体阐述，他说戒酒既是文王的教导，也是上天的旨意。上天造了酒，并不是给人享受的，而是为了祭祀。周公还指出，商代从成汤到帝乙二十多代帝王，都不敢纵酒而勤于政务，而继承者纣王却不是这样，整天狂饮不止，尽情作乐，致使臣民怨恨，“天降丧于殷”，使老天也有了灭商的意思。周公因此制定了严厉的禁酒措施，规定周人不得“群饮”、“崇饮”（纵酒），违者处死，甚至对贵族阶层，也要强制戒酒。

禁酒的结果，酒器派不上用场了，所以考古发现西周时期的酒器远不如商代那么多，即便在一些大型墓葬中，甚至一件酒器也找不到，而食器的随葬却有逐渐增加的趋势。在贵族墓葬中，一般都随葬有食器鼎和簋，鼎多为奇数，而簋则是偶数，鬲则随而增减。在考古发掘中，常常发现用成组的鼎随葬，这些鼎的形状、纹饰以至铭文都基本相同，有时仅有大小的不同，容量依次递减。这就是“列鼎而食”的列鼎。

列鼎数目的多少，是周代贵族等级的象征。用鼎有着一套严格的制度，据《仪礼》和《礼记》的记载，大致可分别为一鼎、三鼎、五鼎、七鼎、九鼎五等。

一鼎：盛豚，即小猪，规定“士”一级使用。士居卿大夫之下，属贵族阶层最下一等。三鼎：或盛豚、鱼、腊，或盛豕、鱼、腊，有时又盛羊、豕、鱼，称为“少牢”，为士一级在特定场合下所使用。九鼎：盛牛、羊、豕，亦称为“大牢”。九鼎为天子所用。东周时国君宴卿大夫，有时也用九鼎。

簋盛饭食，用簋的多少，一般与列鼎相配合，如五鼎配四簋，七鼎配六簋，九鼎配八簋。九鼎八簋，即为天子之食，算是最高的规格。

这种饮食上的等级制度，被原封不动地移植在埋葬制度中。考古发现过属国君的九鼎墓，也有不少其他等级的七鼎、五鼎、三鼎和一鼎墓，没有鼎的小墓一般都只会见到陶鬲，这是平民通常所用的炊器。能随葬五鼎以上的死者，不仅有数重棺椁，还有车马殉人，各方面都显示出等级的高贵，他们属贵族。

鼎不仅被看做是地位的象征，而且也是王权的象征。陶鼎的制作与使用尽管可以上溯到7000多年以前，然而作为家国重器的三足两耳铜鼎在商代才开始流行。原先仅仅作为烹饪食物之用的鼎，在商代贵族礼乐制度下成为第一等重要的礼器。鼎不再是一种单纯的炊器和食器，它成了贵族们的专用品，被赋予了神圣的色彩，演化为统治权力的象征。一般平民绝不允许使用铜鼎，即便是陶鼎，也断然不行。

天子以九鼎为制，据说起于夏代。夏代用九州贡金铸成九鼎，可能象征天下九州，即指禹平洪水后分天下而定的冀、兖、青、徐、扬、荆、豫、梁、雍九州。后来“夏桀乱德，鼎迁于殷”，“商纣暴虐，鼎迁于周”。可见三代的更替，是以夺到九鼎作为象征。到了后来，春秋五霸之一的楚庄王，听从申无畏等大臣的规劝，不再沉湎酒乐，奋发起来，“一鸣惊人”，与晋国在中原争霸。他陈兵东周王朝边境，炫耀武力，颇有取周而代之的意思，于是向周王室的大臣问九鼎的“大小轻重”。后世将“问鼎”比喻为图谋王位，正缘于此。值得回味的是，这九鼎尽管如此神圣，到了战国时竟被弄得下落不明，成了一桩历史公案。

与鼎相配的簋，形似碗而大，有盖和双耳。簋通常用于盛饭食，九鼎所配的八簋究竟盛哪几种饭食，并不十分清楚。据《礼记·内则》所列，饭食在周代确有八种，分别是黍、稷、稻、粱、白黍、黄粱、稰（成熟而收获的谷物）、穛（未成熟而收割的谷物），或许即为八簋所盛。

周代天子的饮食分饭、饮、膳、馐、珍、酱六大类，其他贵族则依等级递降。据《周礼·天官·膳夫》所载，王之食用稻、黍、稷、粱、麦、菰六谷，膳用马、牛、羊、豕、犬、鸡六牲，馐共百二十品，珍用八物，酱则百二十瓮。这些大多指的是原料，烹调后所得馔品名目更多。

天子之馐多至百二十品，不可枚举。燕时还另加有“庶羞”，包括牛脩、鹿脯、田豕脯、麇脯、麋脯，还有雀、鷃、蜩（蝉）、范（蜂）、芝、栭（小栗）、菱、椇（白石李）、枣、栗、榛、柿、瓜、桃、李、梅、杏、楂、梨、姜、桂，瓜果辛物，应有尽有。

据《周礼》所记，周天子不仅馐有百二十品，酱亦有百二十瓮。这里所指的酱，自然不是现在通指的面酱和豆酱，而是“醢醢”的统称。百二十瓮酱中包括醢物六十瓮、醯物六十瓮，实际是分指“五齑、七醢、七菹、三臡”等。

炰鳖脍鲤

汉初经济发达，出现了用高消费促进经济进一步发展的理论。被认为成书于这个时期的《管子·侈靡篇》，提出“莫善于侈靡”的消费理论，提倡“上侈而下靡”的主张，叫人们尽管吃喝，尽管驾着美车骏马去游玩。如何变着法子侈靡呢？可以“雕卵、雕橑”为例，叫做“雕卵然后瀹之，雕橑然后爨之”，是说在鸡蛋上画了图纹再拿去煮着吃，木柴上刻了花纹再拿去烧。

汉代人的饮食，较之前代确为过于侈靡。《盐铁论·散不足》将汉代和汉以前的饮食生活对比，说过去行乡饮酒礼，老者不过两样好菜，少者连席位都没有，站着吃一酱一肉而已，即便有宾客和结婚的大事，也只是“豆羹白饭，綦脍熟肉”。汉代时民间动不动就大摆酒筵，“殽旅重叠，燔炙满案，臬鳖脍鲤”。又说汉以前非是祭祀乡会而无酒肉，即便诸侯也不杀牛羊，士大夫也不杀犬豕。汉时并无什么庆典，往往也大量杀牲，或聚食高堂，或游食野外。街上满是肉铺饭馆，到处都有酒肆，豪富们“列金罍，班玉觞，嘉珍御，太牢飨”（左思《蜀都赋》），“穷海之错，极陆之毛”（张协《七命》），过着天堂般的生活。

宴飨在汉代成为一种风气，从上至下，莫不如是。帝王公侯是身体力行者，祭祀、庆功、巡视、待宾、礼臣，都是大吃大喝的好机会。各地的大小官吏、世族豪强、富商大贾也常常大摆酒筵，迎来送往，媚上骄下，宴请宾客和宗亲子弟。正因为官越大，食越美，所以封侯与鼎食成为一些士人进取的目标。《后汉书·梁统列传》就说：“大丈夫居世，生当封侯，死当庙食。”汉武帝时的主父偃也是抱定“丈夫生不五鼎食，死则五鼎烹”的决心，少时勤学，武帝恨相见太晚，竟在一年之中连升他四级，如其所愿。

汉成帝时，封舅王谭为平阿侯，商为成都侯，立为红阳侯，根为曲阳侯，逢时为高平侯，五人同日而封，世谓之五侯。不过这五侯意气太盛，竟至互不往来，有一个叫娄护的人凭着自己能说善办，“传食五侯间，各得其欢心”。五侯争相送娄护奇珍异膳，他不知吃哪一样好，想出一个妙法，将所有奇味倒在一起，“合以为鲭”，称为五侯鲭。将各种美味烩合一起，这该是最早的杂烩了，味道究竟是不是特别好，我们不必过多去揣测，然而其珍贵无比却是不言而喻的。娄护当然是个极有手段的人，他也因此创出了一种新的烹饪法式，五侯鲭不仅成为美食的代名词，有时也成了官俸的代名词。

五侯们宴饮，自然不像平常人吃完喝完了事，照例须乐舞助兴，体现出一种贵族风度。在出土的汉代许多画像砖和画像石上，以及墓室壁画上，都描绘着一些规模很大的宴饮场景，其中乐舞百戏都是不可缺少的内容。山东沂水出土的一方画像石，中部刻绘着对饮的主宾，他们高举着酒杯，互相祝酒。面前摆着圆形食案，案中有杯盘和筷子。主人身后还立着掌扇的仆人，在一旁小心侍候。画像石两侧刻绘的便是乐舞百戏场景，使宴会显得隆重而热烈。在四川成都市郊出土的一方《宴饮观舞》画像砖，模刻人物虽不多，内容却很丰富。画面中心是樽、盂、杯、勺等饮食用具，主人坐于铺地席上，欣赏着丰富多彩的乐舞百戏。画面中的百戏男子都是赤膊上场，与山东所见大异其趣。

汉代的诗赋对于当时的宴饮场面也有恰如其分的描写，如左思的《蜀都赋》，描述成都豪富们的生活时这样写道："终冬始春，吉日良辰。置酒高堂，以御嘉宾。金罍中坐，肴槅四陈。觞以清醥，鲜以紫鳞。羽爵执竞，丝竹乃发；巴姬弹弦，汉女击节。起西音于促柱，歌江上之飉厉；纡长袖而屡舞，翩跹跹以裔裔。"其他如汉时《古歌》说："上金殿，著玉樽。延贵客，入金门。入金门，上金堂。东厨具肴膳，椎中烹猪羊。主人前进酒，弹瑟为清商。投壶对弹棋，博弈并复行。朱火飏烟雾，博山吐微香。清樽发朱颜，四座乐且康。今日乐相乐，延年寿千霜。”这些诗赋都是画像石最好的注解。

权贵与豪富，还将奢侈带到了死后的墓葬中。出土女尸的长沙马王堆一号汉墓，随葬器物有数千件之多，有漆器、纺织衣物、陶器、竹木器、木俑、乐器、兵器，还有许多农畜产品、瓜果、食品等，大都保存较好。墓中还出土记载随葬品名称和数量的竹简 312 枚，其中一半以上书写的都是食物，主要有肉食馔品、调味品、饮料、主食和小食、果品和粮食等。肉食类馔品按烹饪方法的不同，可分为 17 类，有 70 余款。墓中随葬的饮食品根据竹简的记载统计，有近 150 种之多，集中体现了西汉时南方地区的烹调水平。墓中出土实物与竹简文字基本吻合，盛装各类食物的容器很多都经缄封，并挂有书写食物名称的小木牌。有的食物则盛在盘中，好像正待墓主人享用。

与这些食物同时出土的还有大量饮食用具，数量最多、制作最精的是漆器，有饮酒用的耳杯、卮、勺、壶、钫，食器有鼎、盒、盂、盘、匕等，最引人注意的是其中的两件漆食案。食案为长方形，一般都是红底黑漆，再绘以红色的流云纹，大的一件长 75.5 厘米、宽 46.5 厘米。另一件食案略小一些，长也超过 60 厘米，案上置有五个漆盘，一只耳杯，两个酒卮，还有一双纤细的筷子，出土时盘中还盛有馔品。多少美味佳肴，都轮换着摆上这精美的食案，食案上摆不下的，则放在受用者的近旁。

作为随葬品放入墓中的，不仅有成套的餐具，有炊具和厨房设备，甚至还有粮仓和水井的模型。其中的火灶模型做得比较精致，有烟囱、釜、甑附加设施，灶面上有时还刻有刀、叉、案、勺等厨具，有的则同时还塑有鱼、鳖和菜蔬。这种随葬井、灶、仓的做法在汉代人自始至终都十分普遍，看来汉代人对死后升仙也失望透了，否则又何必那么破费地去厚葬？

3 日食万钱

生杀与享乐，是帝王的两大特权。一般的当权贵族，当然也是亦步亦趋，学着帝王的模样，在自己权力所及的范围内尽情行使这种特权，生活在腐朽西晋王朝的一些权贵可算是这方面最典型的代表。

晋武帝司马炎是西晋奢侈之风的倡导者，他的大臣和亲信有许多也都因奢侈而著名，《晋书》有十分详尽的记载。位至三公的何曾，史称其生活最为豪侈，甚至超出帝王。日食万钱之费，他自己却还说没有下筷子的地方。何曾的儿子何劭，累迁侍中、尚书、司徒，任太子太师，骄奢更甚，远远超过他父亲。何劭吃起饭来，“必尽四方珍异，一日之供，以两万钱为限”，当时人以为太官准备的皇帝御膳，也没法与何劭相比。何曾每次赴晋武帝的御筵，都要带着家厨精心烹制的馔品，根本不吃太官准备的膳食，武帝也拿他没有办法，只得让他拿出带来的美味吃。何曾有时也奢侈得莫名其妙，他食蒸饼，非蒸得开裂有十字纹的不吃。何曾确实也算得是少有的美食家，家传有独到的烹饪术，自己还撰有名曰《食疏》的菜谱，为士大夫所侧目。

官至太仆的石崇，在地方任刺史时，因拦劫远方供使与商客而成巨富。晋武帝帮助母舅王恺与他斗富，始终没能胜过他。王凯家里洗锅用糖浆而不用水，以此炫耀富有。石崇则以白蜡当柴烧，以示更富。他们还在酒宴上斗试阔派。王凯请客人饮酒，命美女在一旁奏乐，乐声稍有失韵走调，美女即刻就被拉出去杀掉。石崇也不逊色，他是让美女为客人劝酒，如果客人不饮或饮得不畅快，美女也会遭杀害。有一次石崇的贵宾是武帝的女婿王敦，这王敦也着实无一点人性，竟然故意缄口不饮，结果连续有三个劝酒的美女成了酒筵前的刀下鬼。

到南北朝时，奢侈之风更是刮遍朝野，上行下效，少有止时。南朝齐东昏侯萧宝卷也是个荒淫的皇帝，他以汉灵帝游乐西园为榜样，在芳乐苑中立市做买卖，也是让宫女当酒保，游玩取乐。他还让宠妃潘氏为市令，自任市魁，纠察市中。齐东昏侯之父齐明帝萧鸾宴会朝会朝臣，按历来的规矩也有御史监席。不过前代御史在筵席上的职责是纠察失礼酗酒者，宋明帝则要御史专纠不醉者，黄门郎沈文季因为不愿狂饮，便被毫不留情地驱赶下殿。

类似于何曾的人，南北朝也不是没有，远远超出者，也大有人在。这时又有一种别样风气，菜肴不仅讲究味美，而且注重形美，有人形容说："所甘不过一味，而陈必方丈，适口之外，皆为悦目之资"（《宋书·孔琳之传》）。一个人的胃容量总是有限的，可一顿饭动辄摆出许多盘盏，仅是悦目而已。正所谓"积果如山岳，列肴同绮绣"，"未及下堂，已同臭腐"（《梁书·贺琛传》）。瓜果菜肴摆得很多，只是为好看，吃不了的都得倒掉。大型的花式拼盘菜肴，也是这个时期的发明。北齐光禄大夫元孝友有一段话谈到了这些情况，他说，"今之富者弥奢，同牢之设，甚于祭盘。累鱼成山，山有林木，林木之上，鸾凤斯存。徒有烦劳，终成委弃"（《北齐书·元孝友传》）。把鱼摆成山丘之形，再用肉类植成林木，又有雕刻的鸾凤亭立于林木之上。这不是风景盆景，却胜似盆景，它把吃变成了地道的艺术欣赏，这恐怕是最早最考究的花色拼盘了。

一般的富贵之家也不甘落伍，变着法子享乐。刘宋风雅参军周朗对当时的情况这样说：一年到头，也穿不了几件好衣服，却准备了一箱又一箱；即便身上挂满金玉，也用不到一百两，却收藏了一椟又一椟。役使奴婢，也没有定数，本来一个奴婢就够了，却要用两个以至多个。"瓦金皮绣，浆酒藿肉者，不可称纪"，视金子如瓦砾、绮绣如毛皮，将美酒当水浆、肉鱼当菜叶者，不计其数。一个富商大贾的居室，可以布置得与王侯不差；一个以力挣饭吃的女子身上，服饰之美可比妃后。袖长且大，一只可裁为二；裙长曳地，一条可分为二。光看人们乘坐的车马，难以分出贵贱；仅以一人的冠服，也难知他地位尊卑。

为富者浆酒藿肉，肆情挥霍，其中也包括一些出身贫困的官吏。刘宋人刘穆之是个典型的由贫而富的官吏，他年轻时家里很穷，却极好饮酒，逢年节常跑到妻兄弟家乞食，每每见辱，从不以为耻。有一次刘穆之在妻家赴宴，食毕求取槟榔，妻兄弟羞辱他说："槟榔是用来消食的，你老兄常常饭都吃不饱，怎么突然用得上这玩意?"妻子为他感到莫大的侮辱，回家后将长发截去卖了，买来肴馔给丈夫解馋。后来刘穆之当上了丹阳太守，并不忌恨妻兄弟，还设宴招待他们，特地吩咐厨人用金盘盛槟榔一斛给他们消食。刘穆之当官后，逐渐滋长起奢豪之性，食必方丈，动辄令厨人一下子做十人吃的馔品。他倒是个好待宾客的人，自己从不一人独餐，每到进餐时，都要邀客十人作陪。

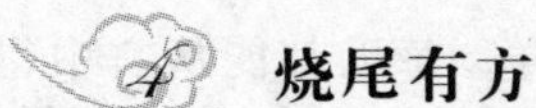

4 烧尾有方

盛世为百姓带来的欢乐，远没有给官吏们带来的多。尤其是那些高高在上的将相，更是醉生梦死，李白在《行路难》中云："金樽清酒斗十千，玉盘珍馐直万钱"，正是他们生活的写照。中唐时的一位宰相裴冕，性极豪侈，衣服与饮食"皆光丽珍丰"。每在大宴宾客时，食客们都叫不出筵席上馔品的名字，此言丰盛之极。另一位差一点而当上宰相的韦陟，每顿食毕，"视厨中所委弃，不啻万钱之直"，扔掉的残馔都有万钱之多，这恐怕会使西晋日食万钱的何曾都自叹不如。这韦陟有时赴公卿们的筵宴，虽然是"水陆具陈"，珍味应有尽有，却连筷子都不动一下，他看不上眼。宰相李吉甫的儿子李德裕，后来也做了宰相，他也是穷奢极欲，有钱不知如何花费才好。李德裕吃一杯羹，费钱三万之巨，羹中杂有宝贝珠玉、雄黄朱砂，只煎三次，这些珠宝便倒弃在污水沟中。这有点像何晏之流服的“五石散”，没有钱是吃不到这杯羹的。

宰臣们不仅家中有享不完的四方珍味，还能常常在朝中得到一顿顿丰盛的美餐。唐代继承了自战国时起各代例行的传统，为当班的大臣们提供一顿规格很高的招待午餐。国家富强了，这顿饭也越发丰盛了。丰盛到什么程度呢？到了宰臣们都不忍心动筷子的地步，因为不忍心再这样挥霍下去，以至几次三番提出要求“减膳”。唐太宗时的张文瓘，官拜侍中，兼太子宾客，累官黄门侍郎，这个官几乎与宰相相差不多。他和其他宰臣一样，每天都能从宫中得到一餐美味。和张文瓘同班的几位宰臣见宫内提供的膳食过于丰盛，提出稍稍减扣一些。张文瓘坚决不同意，而且还认为这是理所应得，他说：“这顿饭是天子用于招待贤才的，如果我们自己不能胜任这样的高职位，可以自动辞职，而不应提出这种减膳的主意，以此来邀取美名。”这么一说，众人减膳的提案不得不作罢。唐代宗时，有一位“以清俭自贤”的宰相常衮，看到内厨每天为宰相准备的食物太多，一顿的馔品可供十几人进食，几位宰相肚皮再大也不可能吃完，于是请求减膳，甚至还准备建议免去这供膳的特殊待遇。结果呢，还是无济于事，“议者以为厚禄重赐，所以优贤崇国政也。不能，当辞位，不宜辞禄食”（《旧唐书·常衮列传》）。这与百年前张文瓘的话是同一腔调，也即是说，宰臣们有权享受最优厚的待遇，你想推辞这种待遇，反倒被认为是不正常的举动。

有高官就有了厚禄，高官得中，第一件事就是大吃大喝，大摆筵席，广贺高升。最晚从魏晋时代开始，官吏升迁，要办高水平的喜庆家宴，接待前来庆贺的客人。到唐代时，继承了这个传统，大臣初拜官或者士子登第，也要设宴请客，还要向天子献食。唐代对这种宴席还有个奇妙的称谓，叫做“烧尾宴”，或直曰“烧尾”。这比起前代的同类宴会来，显得更为热烈，也更为奢侈。

烧尾宴的得名，其说不一。有人说，这是出自鱼跃龙门的典故。传说黄河鲤鱼跳龙门，跳过去的鱼即有云雨随之，天火自后烧其尾，从而转化为龙。功成名就，如鲤鱼烧尾，所以摆出烧尾宴庆贺。不过，据唐人封演所著《封氏闻见录》里专论“烧尾”一节看来，其意别有所云。封演说道：“士子初登、荣进及迁除，朋僚慰贺，必盛置酒馔音乐，以展欢宴，谓之‘烧尾’。说者谓虎变为人，惟尾不化，须为焚除，乃得为成人。故以初蒙拜受，如虎得为人，本尾犹在，气体既合，方为焚之，故云‘烧尾’。一云：新羊入群，乃为诸羊所触，不相亲附，火烧其尾则定。唐太宗贞观中，太宗尝问朱子奢烧尾事，子奢以烧羊事对之。唐中宗李显时，兵部尚书韦嗣立新入三品，户部侍郎赵彦昭加官晋爵，吏部侍郎崔湜复旧官，上命烧尾，令于兴庆池设食。”这样，烧尾就有了烧鱼尾、虎尾、羊尾三说。

热心于烧尾的太宗皇帝，也委实不知这“烧尾”的来由。一般的大臣只当是给皇上送礼谢恩，谁还去管它是烧羊尾、虎尾或是鱼尾呢！唐中宗下令于兴庆池摆的庆贺三大臣升迁的烧尾宴，似乎是赐宴，不由大臣出资，略有区别。

烧尾宴的形式不止一种，除了喜庆家宴，还有皇帝赐的御宴，另外还有专为给皇帝献的烧尾食。也许，除了赐宴不必非有以外，家宴与献食皇上都是绝不可少的。那么献给皇帝的烧尾食究竟是些什么呢？我们从宋代陶谷所撰《清异录》中可窥出一斑。书中说，唐中宗时，韦巨源拜尚书令（尚书左仆射），照例要上烧尾食，他上奉中宗食物的清单保存在传家的旧书中，这就是著名的《烧尾宴食单》。食单所列名目繁多，《清异录》仅摘录了其中的一些“奇异者”，达五十八款之多，如果加上平常一些的，也许有不下百种！

从这五十八款馔品的名称，一则可见烧尾食之丰盛，二则可见中唐烹饪所达到的水平，因为保存如此丰富完整的有关唐代的饮食史料，除此之外还不多见。这么多的美味，真可谓五花八门，很多如果没有注解，单看名称，我们很难知道究竟指的是什么馔品。馔品中有二十种面食点心，其点心实物在新疆吐鲁番阿斯塔拉唐墓中有出土，馄饨、饺子、花色点心至今还保存相当完好。阿斯塔拉还出土了一些表现面食制作过程的女俑，塑造得十分生动。

拜得高官者，要给皇上“烧尾”，没有机会做官的皇室公主们，也仿效烧尾的模式，寻找机会给皇上献食，以求取恩宠。据《明皇杂录》说，唐玄宗李隆基时，诸公主相效进食，玄宗“命中官袁思艺为检校进食使”，专门清点登记献上来的食物。所献食物，“水陆珍馐数千盘之费，盖中人十家之产”，耗费之巨，不亚于大臣“烧尾”。

5 两京食肆

五代时的梁、晋、汉、周，皆定都于汴京，就是开封府，或称为东京汴梁。宋太祖赵匡胤发动兵变，推翻后周，建立宋王朝，都城依然在汴梁。连续几朝的建都，给汴梁带来很大发展。汴梁比起汉唐的长安，民户增加十倍，居民百万，甲兵几十万，成为历史上空前的一大都会。

在宋代以前，一般都会的商业活动都有规定的范围，这就是集中的商业市场，如唐长安的东市和西市。宋都汴梁，则完全打破了这种传统的格局，城内城外，处处店铺林立，并不设特定的贸易商市。在众多的店铺中，酒楼饭馆占很大比重，饮食业的兴旺，成为经济繁荣的一个象征。

汴梁御街上的州桥，是市民和远方商贾必得一游的著名景点，附近一带有十几家酒楼饭馆，如有“张家酒店”、“王楼山洞梅花包子”、“曹婆婆肉饼”、“李四分茶”、“鹿花包子”等。城内的“市井经纪之家，往往只于市店旋买饭食，不置家蔬”。此外，还有不少沿街叫卖的食摊小贩，十分热闹。汴梁城内的商业活动不分昼夜，没有时间限制，晚间有直到三更的夜市，热闹之处，则通宵不绝。夜市营业的主要是饮食店，经营品种众多，有饭、肉鱼、野味、蔬果等，无所不包。以风味小吃为主，如水饭、鸡碎、白肠、姜辣萝卜、鲊脯、冻鱼头、批切羊头等。夜市注重季节的变化，供应时令饮食品，如夏季多清凉饮料、果品，有甘草冰雪凉水、荔枝膏、越梅、香糖果子、金丝尝梅、生腌水木瓜等；冬季则有盘兔、滴酥水晶脍、旋炙猪皮肉、野鸭肉等。酒食店还继承了唐代创下的成例，每逢节令，都要推出许多传统风味食品，如清明节有稠饧、麦糕、乳酪、乳饼；四月八日佛节初卖煮酒；端午节有香糖果子和粽子；中秋则卖新酒、蟹螯等。在著名的杨楼、樊楼、八仙楼等酒店，饮客常至千余人，不分昼夜，不论寒暑，总是如此。

唐人重酒，宋人重食。宋人的下酒菜除大量的荤腥之外，又多干鲜果品和蜜饯等，如有银杏、栗子、鹅梨、梨条、梨干、胶枣、梨圈、核桃、煎西京雪梨、河阴石榴、橄榄、龙眼、荔枝、甘蔗、榛子等，无所不取。当然，酒店经营的饮食品种再多，总有一个限度，遇到客人点出所缺的菜肴和果品，店中即刻派人去他店代买，服务实在是周到、热情。

酒店之外，汴梁的饮食店还有不卖酒的食店、饭店、羹店、馄饨店、饼店等。食店经营品种有头羹、石髓羹、白肉、胡饼、桐皮面、寄炉面饭等。还有所谓“川饭店”，经营插肉面、大燠面、生熟烧饭等。其他有“南食店”，经营南方风味，有鱼兜子、煎鱼饭等。羹店经营的主要是肉丝面之类，算是一种经济快餐。客人落座后，店员手持纸笔，遍问各位，来客口味不一，或熟或冷，或温或整，一一记下，报与掌厨者。不大一会儿，只见店员左手端着三碗，右臂从手至肩驮叠着约二十碗之多，顺序送到客人桌前。客人所需热羹冷面，不得发生差错，否则客人报告店主，店员不仅会遭到叱骂，还要罚减工钱，甚至还有被解雇的危险。

宋代杰出画家张择端所绘《清明上河图》，是流传至今的反映汴梁市民生活和商业活动的鸿篇巨制。五米多长的画幅，十分细致生动地展示了以虹桥为中心的汴河及两岸车船运输和手工业、商业、贸易等方面紧张忙碌的活动，纵横交错的街道、鳞次栉比的店铺、熙熙攘攘的人流，交会成一派热闹繁华的景象。汴梁人的饮食生活，是《清明上河图》描绘的重点之一，画中表现的店铺数量最多的是饮食店和酒店。可以看到店里有独酌者，也有对饮者，还有忙碌着的店主。令人疑惑不解的是，食铺酒店在画面上虽然不少，但店中食客却不多，许多摆着数张大桌的店铺里却空无一人，充其量只有几位闲坐者。显然大部分食店并未营业，不知这是清晨还是傍晚，人们都忙于挤在街道上行走，拥到河岸边观船，可能还没有到通常应当进餐的时候。《东京梦华录》谈到节令风尚时有一语说：“中秋节前，诸店皆卖新酒，重新结络门面彩楼花头、画竿醉仙锦旆。市人争饮，至午未间，家家无酒，拽下望子。”这望子即是酒幌，是酒店的标志。看样子《清明上河图》描写的正是中午时分，恰是酒店无酒停业休息之时，图中仍挑着酒幌的店子只有一两处。近年来人们对《清明上河图》所表现的季节提出了一些怀疑，认为不是清明节时，而是深秋季节。图中酒店确有结络门面彩楼花头的，有的门楼只搭了个架子，还没完工。此外小贩们还有卖瓜果、甘蔗的，都是一些秋季收获物。这种说法多少有些道理，从酒店经营的新酒也看出这一点，不过还需要有更全面的论证。

北宋败亡后，金人多次从汴梁收罗数以千计的艺人，其中包括不少烹饪高手，有的还是流落于民间的御厨，这些人把中原的烹调技艺带到了北方。当然，更多的烹调高手随着朝廷的南迁而涌进了新都临安，南方因此而有机会吸取中原的烹饪技巧，南北饮食文化得到一次空前的交流。

临安即是风景秀丽的杭州，南宋自公元 1138 年起在此建都，它因此而取代汴梁，一跃而为全国最大的商业都市。饮食业是临安最大的服务行业，有茶坊、酒肆、面店等。从汴梁来的厨司和食店老板带来了中原的传统与技巧，钱塘门外著名的鱼羹铺主人宋五嫂，就是自汴梁流落到此的。

临安各类饮食店都有自己的特色，经营品种不同，以适应不同层次的雇主。如几种普通酒店中，有茶酒店，即茶饭店，以卖酒为主，兼售添饭配菜；有包子酒店，专卖鹅鸭包子、灌浆馒头、鱼子、薄皮春茧包子、虾肉包子、肠血粉羹；有直卖酒店，专售各色黄白酒；有散酒店，以零楞散卖碗酒为主，兼售血脏、豆腐羹、蛤蜊肉等；还有庵酒店，有娼妓作陪，酒阁内暗藏有卧床之类。

临安的大酒楼有太和楼、春风楼、丰乐楼、中和楼、春融楼等名号。所供酒类名号也极高雅，如玉练槌、思春堂、皇都春、珍珠泉、雪腴、琼花露、蓬莱春、清风堂、蓝桥风月、银先、紫金泉、万象皆春等，都是全国各地的名品。酒店雅座在楼上，楼下为散座，一般人入店，并不轻易登楼上阁，买酒不多，只在楼下散座。初一入座，酒家店员先上“看菜”，这是样品菜，只看不吃，问好顾客想买多少，然后换上所点的菜肴。有些远来的客商不懂这些规矩，见了“看菜”就动筷子，多被人冷眼耻笑。

临安食店多为北来的汴人所开办，有羊饭店、南食店、馄饨店、菜面店、素食店、闷饭店，还有专卖虾鱼、粉羹、鱼面的家常食店，为一般市民经常光顾的场所。此外还有茶坊，除主营茶饮外，也兼营其他饮料，有漉梨浆、椰子酒、木瓜汁、绿豆汤、梅花酒等。

不论是汴梁还是临安，酒楼食店的装修都极考究，大门有彩画，门内设彩幕，店中插四时花卉，挂名人字画，用以招徕食客。在高级酒楼内，夏天还增设降温的冰盆，冬天则添置取暖的火箱，使人有宾至如归的良好感觉。食客酒店进门，便有专门的伙计提瓶献茶，奉迎入座。接着请客人点菜，店伙计能将一二百种菜点的名称价码背得滚瓜烂熟。菜未烹好之前，先上果品数碟，酒温之后，菜肴接连上桌。酒楼还备有乐队，有乐手十余人至数十人，清歌妙曲，为客侑食。有的酒店还雇有名妓若干人，身着艳丽时装，凭栏招邀酒客，或陪侍客人进酒。

有些顾主想在家里宴请宾客，酒店还可登门代办筵席，包括布置宴会场所和租赁全套餐具。官府中比较隆重的筵宴，以及富豪们的吉凶筵席，则由官办的“四司六局”办理。四司为帐设司、茶酒司、厨司、台盘司，六局为果子局、蜜饯局、菜蔬局、油烛局、香药局、排办局。它们各自都有自己的业务范围，互相配合默契，可以将一次宴会安排得十分得体。

宋代两京食店经营的品种十分丰富，以《武林旧事》所载临安的情形看，开列的菜肴兼合南北两地的特点，受到人们的广泛喜爱。从菜肴点心的名称可以看出，宋人对菜点的命名都比较实在，大都结合了原料和烹法两个方面，让人一听便知，这是中国烹饪最自然的命名法则。这样的命名是比较科学的，比起唐人对菜肴的命名来，更体现出名实相副的原则。

6 清宫御膳

清朝是中国历史上最后一个封建王朝，帝后的膳食集历朝陈规，有庞大的管理机构，也有大量的厨役，这一切都是空前绝后的。帝后的特权与尊严，在他们的饮食生活中得到了最充分的体现。

清代宫中膳食的管理机构，主要为内务府和光禄寺，不过实际上直接掌理宫廷膳食的是御茶膳房。御茶膳房设管理大臣若干人，由皇帝特别简派。下面再设尚膳正、尚膳副、尚膳、主事、委署主事、笔帖事等职，作为次一级的管理官员。

清代皇帝平日用膳没有固定的地点，一般多在寝宫和经常活动的地方。每天分早晚两次进餐，早膳在上午六七点钟，晚膳在中午十二时至下午二时之间。晚上六点前后的“晚点”不包括在内，那不是正膳。正膳之外的酒膳和小吃一般没有固定的时间，由皇帝随意命进。

每到皇帝用膳时，太监先在传膳处摆好膳桌，御茶膳房的膳食一运到，就迅速按规定摆放妥当。皇帝进膳，心里并不踏实，时刻担心会有人谋害他，深恐有人在饭菜中下毒。他在动筷子之前，要先看看菜盘中插着的一块小银牌的颜色。看罢银牌，皇帝仍不大放心，还要命随侍的太监用筷子先尝尝每道菜点，这是一道绝不可少的程序，谓之“尝膳”。如果有毒，太监就先替这皇上命归西天了，宫廷的险恶，于此可揣知一二。当然尝膳并不是清帝的发明，它甚至是留传了几千年的一种古老的礼仪，可以在西周时代找到它的渊源。

如果未经皇帝特别恩准，任何人都不得与他在同一张桌子上进膳，这大约是做皇帝最寂寞的时刻。皇太后、皇后和妃嫔，一般都在各自居住的宫中用餐，也不大容易与皇帝一起品尝美味。

皇室档案保存至今的，只有清代的较为完整，这些档案对清宫帝后的膳食记录比较详细。清代档案中保留了皇帝的大批膳单，膳单上有时还详细注明早晚用膳的时间，用什么样的膳桌，主要菜肴还指明烹制厨师的名姓，注明用何种餐具盛送。

不论帝后妃嫔及皇子们、福晋们吃不吃得了那么多，每日膳食总是那么丰盛。膳食所需物料，都按吃不了的分例备办，浪费十分惊人。

皇帝每日分例是：盘肉 22 斤、汤肉 5 斤、猪油 1 斤、羊 2 只、鸡 5 只、鸭 3 只；白菜、菠菜、香菜、芹菜、韭菜共 19 斤；大萝卜、水萝卜、胡萝卜共 60 个；包瓜、冬瓜各 1 个；苤蓝、干闭蕹菜各 5 个；玉泉酒 4 两，酱与清酱各 3 斤、醋 2 斤。早晚膳又有饽饽 8 盘，每盘 30 个。御茶膳房特备皇帝每日所饮茶、乳等。皇帝例用乳牛 50 头，每头牛每天挤乳 2 斤。每天用京西玉泉水 12 罐、乳油 1 斤、茶叶 75 包。

这些都是平日膳食的分例，如遇年节，这些就都不算数了。

清代宫中筵宴规模很大，名目繁多。有在保和殿宴赏外藩王公的除夕宴，有鼓励表彰官翰林的修书宴，有在南郊黄帐宴赏钦命大将军及从征大臣将士的凯旋宴，有于顺天府在乡试揭晓次日宴主考官及贡士的乡试宴（又名鹿鸣宴）。还有宗室筵宴，上元节宴，皇帝万寿和皇后千秋、皇子大婚、公主下嫁吉宴，另有不常举行只有老人参加的千叟宴等。

这些筵宴分别由光禄寺和内务府恭办。光禄寺设有炸食房，备办的筵席分满、汉两种。满席一般分六等：一等席用于帝后死后的随筵；二等席用于皇贵妃死后的随筵；三等席用于贵妃、妃和嫔死后的随筵；四等席主要用于元旦、万寿、冬至三大节朝贺筵宴，还有皇帝大婚、大军凯旋、公主和郡主成婚的各种筵宴及贵人死后的随葬；五、六等席主要用于宴请邻邦进贡的正副使臣等。汉席分三等和上、中席共五类，主要用于临雍宴、文武会试考官出闱宴，《实录》、《会典》等书开馆编纂日及告成日赐宴等。主考和知贡举等官用一等席，每桌馔品有鹅、鱼、鸡、鸭、猪等二十三碗，果食八碗，蒸食二碗，蔬食四碗。同考官、监试御史、提调官等用二等席，每桌馔品有鱼、鸡、鸭、猪等二十碗，果食、蒸食与蔬食同一等席。其他执事官用三等席，每桌馔品有鱼、鸡、猪等十五碗，蔬食等与一等席相同。

内务府恭办的主要有皇太后圣寿、皇后千秋、妃嫔生辰筵宴，还有皇子皇孙的订婚成婚礼筵，以及其他宗室筵宴和千叟筵宴等。当然，有些规模较大的筵宴，常须内务府与光禄寺会同办理。

清宫中的大型筵宴，以每年元旦和万寿节在太和殿举行的最为隆重。太和殿筵宴最多时设宴桌 210 席，用羊百只、酒百瓶。殿内宝座前设皇帝的御宴桌张，殿内再设前引后扈大臣、豹尾班侍卫、起居注官、内外王公、额驸及一二品文武大臣等人的桌张。太和殿前檐下的东西两侧，陈放中和韶乐和理藩院尚书、侍郎及都察院左都御史等人的宴桌。殿前丹陛上的御道正中张一黄幕，内设反坫，预备大铜火盆两个，上放两口盛肉和盛水温酒的大铁锅。丹陛上宴桌共有 43 张，入宴的是二品以上的世爵、侍卫大臣、内务府大臣及喜起舞、庆隆舞大臣等。丹墀内两旁各设八个蓝布幕棚，棚下设三品以下文武官员和外国使臣的宴桌。

太和殿筵宴中的皇帝御桌御膳由内务府恭办，而其他宴桌则由大臣们按规定恭进，如不够敷用，再由光禄寺增备。大臣恭进的数目，规定亲王每人进 8 桌，其中大席一桌，包括银盘碗 45 等；随席 7 桌，每桌铜盘碗 45 件，另有羊 3 只，酒 3 瓶。郡王每位进 5 桌，贝勒每位进 3 桌，贝子每位进 2 桌。宗人府要负责统计大臣的名爵，明确应进桌张及羊酒数目，奏明皇帝。看来，大臣们参加一次宴会，要相当的破费，须得自己掏腰包，不知他们是否都那么心甘情愿。

每逢除夕，皇室在乾清宫还要举行大规模的家宴。除夕家宴以皇帝金龙大宴桌为中心，东西陪侍的是皇后、妃嫔和贵人等。皇帝一桌酒肴共 40 品，摆成五路，每路八品，以荤菜和果子为主。

千叟宴是清宫少有的大宴之一，这也是各种筵席中举行得最少的一种，仅康熙、乾隆时举行过四次，但较其他宴会场面最盛、规模最大、准备最久、耗费最巨。

康熙五十二年（1713 年），为玄烨六旬大庆。康熙皇帝自谓“览秦汉以下，称帝者一百九十有三，享祚绵长，无如朕之久者”，说他是当皇帝当得最长的一位。当时，全国各地一些耆老为庆贺皇帝生日，新春伊始，便纷纷自发进京祝寿。于是康熙决定在畅春园宴赏众叟，而后送归乡里。这是第一次千叟宴，预宴者不如后来几次多。

乾隆六十年（1795 年），各省风调雨顺，收成很不错，年逾八旬的弘历皇帝下令来年春正在宁寿宫、皇极殿再次举行千叟宴，入宴者约为五千人。预宴的大都是在任或离任的政府满汉官员，年龄按官品分别规定以六十、六十五、七十以上为度，所有拟定预宴人等均须由皇帝钦定，然后由军机处分别行文通知届期入宴。身在边远地区的老叟，须提前两个月启程向京城进发，才能赶上吃这顿难得的美味。

正月初吉，在外膳房总理大臣的指挥下，开始在宫中摆设宴席，除御桌外，共有宴桌 800 张。宴桌分东西两路对列，每路六排，每排 22 ~ 100 席不等。千叟宴分一等桌张和次等桌张两级设摆，餐具和膳品都有区别。一等桌张摆在殿内和廊下两旁，每席设火锅两个（银、锡各一）、猪肉片一个、煺羊肉片一个、鹿尾烧鹿肉一盘、煺羊肉乌叉一盘、荤菜四碗、蒸食寿意一盘、炉食寿意一盘、螺蛳盒小菜两个，每人乌木箸一副，另备肉丝烫饭。次等桌张入宴者为三至九品官员及兵民等，每桌火锅两个、猪肉片一个、煺羊肉片一个、煺羊肉一盘、烧狍肉一盘、蒸食寿意一盘、炉食寿意一盘、螺蛳盒小菜两个，每人乌木箸一副，另备肉丝烫饭。

三　南北佳肴

1 八方菜系

中国的烹饪技法，值得引以为自豪的主要有蒸煮法和爆炒法两种，在唐代以前菜肴以烹煮的羹食法为主，随着烹食传统的改变和技术的进步，宋代开始炒做法流行，同时新出现或新改进的烹法有爆、煎、炸、涮、焙、冻等，炒法又分为生炒、熟炒、南炒、北炒，出现了许多前所不见的炒法风味肴品。元代出现的烹法有川炒、软炸、贴、烧等。明代出现盐酒烹、酱烹，又有酱炒、葱炒，清代爆炒大行，无所不炒，清宫名肴有炒豆腐脑。一些研究者认为明清是中国饮食文化的成熟时期，烹饪形成了煎炒烹炸一菜一做的方法，因为小炒的大量采用，奠定了苏、粤、川、鲁四大菜系形成的基础。我们现在不论是荤与素，也不论是主食与副食，都可一炒了之，炒菜、炒米、炒饭、炒面，快捷便当。滑炒、枯炒、清炒、盐炒、干炒、水炒、软炒、小炒、糖炒、沙炒、脆炒、爆炒，中国菜的特色一大半就在这炒字上表现了出来。由此二度引申出来的炒股票、炒鱿鱼，那就该另当别论了。

少小离家的人，常会有乡音难改、乡味难忘的感受。中国幅员辽阔，各地区的自然气候、地理环境和物产都有自己的特色，互有区别，各地人民的生活方式和风俗习惯也存在许多差异。这样一来，不同地区在吃什么和怎么吃的问题上，都形成了自己的传统和特色。由于历史的发展与积累，不同的菜系也就逐渐形成了。

常言道，“巴蜀好辛香，荆吴喜甜酸。”说的是食风，这是菜系形成的一个基础。中国的菜系究竟可以划分为多少个，行家们的意见不大一致，有四大菜系说，八大菜系说，也有十二大菜系说，不尽相同。各菜系中以鲁、川、粤、淮扬四系最为著名，其他还有京、杭、闽、湘、鄂、皖等系，也都不相上下。这些菜系共同的特征是选料广博、刀工考究、拼配得体、调味适口、火候精到，它们又以许多独到之处互为区别，像一簇簇竞艳的鲜花，开放在中华大地。

鲁菜即山东菜，主要由济南和胶东两个菜系构成。鲁菜选料考究，刀工精细，调味得体，工于火候。烹调技术以爆、炒、烧、炸见长，具有鲜咸适度、清爽脆嫩的特色。鲁菜流入宫中，成为皇帝后妃的御膳。鲁菜也广在民间，流传于华北、东北和京津地区。

鲁菜讲究丰满实惠，大盘大碗。这反映出山东人的好客，唯恐客人吃不好、吃不饱。从筵席名称上，也可看出这一点，如“三八席”，为八碟、八盘、八大碗加两大件；又有胶东的“四三六四席”，为四冷荤、三大件、六行件、四饭菜；还有“十全十美席”，为十盘十碗。从一款八宝布袋鸡，可以看出鲁菜的实惠，做法是将鸡剔下骨架，往鸡腹中装入海参、大虾、口蘑、火腿、香菇、海米、玉兰片、精猪肉等八种原料的馅，烹熟后不仅馅香肉嫩，而且量大菜多。

鲁菜精于制汤，十分讲究清汤和奶汤的调制。清汤色清而鲜，奶汤色白而醇。清汤用肥鸡、肥鸭、猪肘子为主料，急火沸煮，撇去浮沫，鲜味溶于汤中，汤清见底，味道鲜美。奶汤用大火烧开，慢火煎煮，后用纱布过滤，等汤为乳白色即成。用这些汤制作的菜肴有清汤燕菜、奶汤蒲菜、奶汤鸡脯等，都是高级筵宴上的珍味。鲁菜还善以葱香调味，什么菜都要用葱爆锅，很多馔品都以葱段佐食。大葱除味香激发人的食欲外，还有顺气、散腻、健胃、抑菌的功效。山东人平日也极爱食葱，大饼卷大葱就是家常饭。

北京菜集全国众菜精华，尤其是吸收山东菜系的优点及北方少数民族的烹调技术，逐渐形成了自己的风格。辽、金、元、清几朝都曾在北京建都，北方一些少数民族的传统饮食风尚不断地被带到北京；祖居江南的达官贵人们，一代一代的从南方带来了优秀的饮食文化；流入民间的官厨名师，将宫廷御膳的高超技艺传授出来。这样就使北京菜系显得愈加丰富多彩，如满汉全席、全羊席、涮羊肉、北京烤鸭等，至今都享有极高的声誉。

京菜选料讲究，调味多变，以爆、烤、涮、炮、溜、炒、扒、煨、焖、酱、拔丝、瓤见长。菜肴以菜物原味为主，具有酥、脆、鲜、嫩、清鲜爽口的特点。

京菜注重时令风味。如涮羊肉，须得于立秋后开吃，这时不仅羊肉肥美，而且天气渐凉，适宜涮火锅。又如春卷，则是立春时节才吃。到了夏季，才有水晶肘子、水晶虾等，还有杏仁豆腐和荷叶粥等时令小吃。

京菜还十分讲究菜点的配伍，吃什么菜就得配什么佐料和点心。如吃涮羊肉，就有许多讲究，开涮前汤锅中要下口蘑和海米，要备好香菜末、葱白末、芝麻酱、辣椒油、酱豆腐卤、卤虾油、腌韭菜花、桂花糖蒜、绍兴酒、酱油、芥末等佐料。吃时用筷子夹起肉片在汤锅中涮一涮，随涮随吃，羊肉鲜嫩可口，非一般火锅可比。吃涮羊肉配以热芝麻酱烧饼，抹上甜面酱，卷上葱丝、黄瓜条等和片好的鸭肉一起吃。

京菜中最擅长的技法为爆、烤、涮、炮和拔丝，名品有酱爆鸡丁、烤填鸭、溜鸡脯、糟溜鱼片、拔丝山药、涮羊肉等。其中又以烤法最为别致，本源于御茶膳房。清宫御茶膳房专设有“包哈局”，有特制的挂炉烤鸭、烤乳猪，称之为“双烤”。

川菜以四川成都的为正宗。当代川菜已发展到近五千种，以取材广泛，调味多样，清鲜醇浓并重，尤以善用麻、辣著称于世。

川菜烹法注重烧、干酥、熏、烤，调味不离辣椒、胡椒、花椒这三椒，还有鲜姜，品味重于酸辣麻香。川菜中有咸鲜微辣的家常味型，有咸甜酸辣兼备的鱼香味型，有咸甜麻辣酸鲜香并重的怪味型，有咸鲜辣香的冷拼红油味型，有典型的麻辣厚味的麻辣味型，有酸菜和泡菜的酸辣味型，还有糊辣味、陈皮味、椒麻味、椒盐味、酱香味、五香味、甜香味、香糟味、烟香味、咸鲜味、荔枝味、糖醋味、姜汁味、蒜泥味、麻酱味、芥末味、咸甜味等二十多种味型，所以川菜享有“一菜一格，百菜百味”的声誉。

川菜具有适应性强，雅俗共赏的特点。既有工艺精湛的一品熊掌、樟茶鸭子、干烧岩鲤、香酥鸡、红烧雪猪、清蒸江团等名菜，又有大众化的清蒸杂烩、酥肉汤、扣肉、扣鸡鸭、肘子等三蒸九扣，以及宫保鸡丁、怪味鸡、鱼香肉丝、麻婆豆腐、干煸鳝鱼、回锅肉、毛肚火锅等家常风味。另外，川味中还有风格独特的传统民间小吃赖汤圆、夫妻肺片、灯影牛肉、棒棒鸡、小笼牛肉、五香豆腐干等，也都是流传很广的名品。

淮扬菜以扬州风味为主，包括镇江、南京、淮安等地的风味，以清淡味雅著称。淮扬菜以烹制河鲜、湖蟹、蔬菜见长，十分注重吊汤，制作精致。

淮扬菜以炒、溜、煮、烩、烤、烧、蒸为主要烹法，擅长炖焖，具有鲜、香、酥、脆、嫩等特点。如清汤三套鸭，采用家鸭、野鸭、菜鸽整料去骨，用火腿冬笋相隔，三味套为一体，文火宽汤炖焖，形成家鸭肥嫩、野鸭香酥、菜鸽细鲜、火腿酥烂、冬笋鲜脆的特点。又如糖醋桂鱼，先将桂鱼剞上牡丹花刀，粘上淀粉糊，三次下油锅，分别炸透、炸熟、炸酥，起锅时浇汁，得到皮脆、肉松、骨酥的效果。

淮扬菜在调味上强调突出本味，使用调料也是为了增强主料本味，而且还注重用调料增色，或用配料补色。这些做法往往与节令相合，如夏季要求色泽清淡，冬季则要求浓艳。例如夏季作清炖鸡，汤汁清澈见底，鸡块鲜嫩洁白，再衬以鲜红的火腿、绿色的菜心、黑色的香菇，使人有清爽悦目的感受。淮扬菜中的其他名菜还有清炖蟹粉狮子头、拆烩大鱼头、水晶肴蹄、百花酒焖肉、清蒸鲥鱼等。

淮扬菜造型美观，通过切配、烹调、装盘、点缀的方法，以及卷、包、酿、刻的手法，达到色香味形俱佳的艺术境地。冷菜拼盘尤其讲究造型，变化多端。其中的萝卜花雕技艺高超，刻成梅、兰、竹、菊花卉等，生动传神。冷盘的代表作有逸圃彩花篮，篮中有用萝卜雕刻的牡丹、玫瑰、菊花、马蹄莲、白兰花等，艳丽多姿，是高雅的艺术品。

粤菜选料广博奇杂，鸟兽蛇鼠均为佳肴。在风味上，粤菜夏秋求清淡，冬春取浓郁。如八宝鲜莲冬瓜盅，即是用夏令特产鲜莲、冬瓜，配以田鸡肉、鲜虾仁、夜香花等原料炖制，清淡可口。又如名菜龙虎凤大会，选用秋季肥嫩的三蛇，配以豹狸和母鸡炖汤烩羹，味道浓郁，为滋补佳品。

粤菜的调味品也别具一格，经常采用的有蚝油、糖醋、豉汁、果汁、西汁、柱候酱、煎封汁、白卤水、酸梅酱、沙茶酱、鱼露、珠油等，大都是专门配制的。如糖醋为白醋、片糖、精盐、茄汁、辣酱油等混合煮溶而成，酸、甜、咸、辣俱全，别称怪味汁。

粤菜中独特的烹调技法有熬汤、煲、焗、泡、焗等。熬汤以鸡、瘦猪肉、火腿为主料，汤成后用于菜肴烹调中的加汤。煲是以汤为主的烹法，用慢火熬成。焗则是将几种动植物原料混配在一起，加进调料，焗成色鲜味浓的菜肴。泡分油泡与汤泡两种，不加配料。焗分锅焗和瓦焗两种，将原料放入锅中，经油炸成水浸，加盖，以文火焗成浓汁，上盘淋汁，风味别致。

粤菜有香、松、臭、肥、浓五滋和酸、甜、苦、咸、辣、鲜六味的分别，名品有龙虎凤大会、五蛇羹、竹丝鸡烩王蛇、脆皮鸡、烤乳猪、盐焗鸡、酥炸三肥、叉烧肉、出水芙蓉鸭等。

中国是个多民族国家，五十六个民族的区别也十分明显地表现在饮食习俗上。各民族都有自己的许多风味食品，如满族的打糕、酒糕、柿糕、白煮；朝鲜族的沙锅狗肉、扑地龙、泡菜、冷面；蒙古族的马奶酒、手把肉、全羊席、馅饼；回族的油香、卷果、白水羊肉；维吾尔族的手抓饭、烤羊肉串、烤全羊、爆炒拉面；哈萨克族的手扒肉；藏族的青稞酒、酥油茶、糌粑、火烧肝、河曲大饼、虫草炖雪鸡、蘑菇炖羊肉；白族的生皮（烤猪肉）、炖梅、雕梅；傣族的竹筒糯米饭、腌鱼、竹烧鱼；彝族的坨坨肉、泡水酒；苗族的灌肠粑、五香鱼；壮族的团圆结（豆腐圆）、大肉粽子、五色饭；侗族的腌鸭肉酱、酸鱼肉、泡米油茶、糯米苦酒等。这些不仅深受本民族人民的喜爱，其中很多美味已大大超出该民族的居住地，流传到全国各地，受到整个中华民族的喜爱。

2 清真美食

元代时蒙古族入主中原，在今北京城地建都，名为大都。元大都始建于至元四年（1267 年），为世界著名的大都会。居住在大都的有蒙古人、色目人、汉人和南人，色目人包括蒙古以外的西北各族、西域以至欧洲各族人，他们带来了草原风味和西域风味。这就使得元大都的饮食是以北方风味为主，也吸收有南方风味，还融合了许多蒙古族食品和西域回回食品。

蒙古族自古以畜牧和狩猎为生，是北方草原上的“马背民族”。他们的饮食以肉奶制品为主，烹调方法多采用烤、煮、烧。在成吉思汗时代，由于远征需要而推行了一种快速熟肉法，即随地挖坑烧烤，称为“锄烧”。此外，还有铁板烧，也都是与成吉思汗有关的具有蒙古族特色的烹调方法。名肴有烤全羊、烤羊腿、手把羊肉、蒙古馅饼、奶豆腐等。从无名氏《居家必用事类全集》“饮食类”一节看，一些蒙古族食品如生肺、酥油肺、琉璃肺、肝肚生、烤肉等，在元大都是较为流行的食品。元代诗人白廷有诗赞美蒙古族的“八珍席”，八珍即：醍醐、麈沆、野驼蹄、鹿唇、驼乳糜、天鹅炙、玄玉浆、紫玉浆。这是蒙古大汗的御膳。

“回回食品”和“女直（真）食品”在元大都的流行，可以由元代饮膳太医忽思慧的《饮膳正要》中得到证实。该书卷一的“聚珍异馔”详列了许多非汉族的馔品，主要有：马思答吉汤、八儿不汤、炒狼汤、羊皮面、秃秃麻食、马乞、搠罗脱因、乞马粥、河西米汤粥、撒速汤、炙羊心、炙羊腰、河西肺、脑瓦剌、攒羊头、攒牛头、细乞思哥、肝生、马肚盘、牛奶子烧饼、颇儿必汤等。

明代时明成祖迁都北京，南人入朝为官，将南食携入，南味大规模北移，造成又一次南北饮食大汇合。明代时所谓回回食品（清真食品）在民间仍很受欢迎。元明之际无名氏《居家必用事类全集》"饮食类"还专有"回回食品"一节，录有卷煎饼、糕糜、酸汤、秃秃麻失（手撇面）、八耳塔（豆面蜜羹）、哈尔尾（炒面蜜糕）、吉剌赤（豆粉煎饼）、哈里撒（黄烧饼）等。这本书同时还录有一些"女直（真）食品"，如蒸羊眉骨、塔不剌鸭子、野鸡撒孙、柿糕等，表明满族饮食在那时也受到了汉族人的关注。

清真菜是中国信仰伊斯兰教民族饮食菜肴的统称。穆斯林称伊斯兰教为清真教，称其寺院为清真寺，饮食菜肴称清真菜。

公元 7 世纪中叶，伊斯兰教由阿拉伯商人传入中国，在宋代时还仅限于广州、泉州、杭州等地。公元 13 世纪初的南宋末至元代，信仰伊斯兰教的民族多在葱岭内外地域，被统称为回回，所信仰的宗教被称为回回教。从 1219 年成吉思汗西征，到 1258 年旭烈兀攻陷巴格达，先后征服了葱岭以西、黑海以东信仰伊斯兰教的各民族，大批中亚各族人、波斯人和阿拉伯人，迁徙到东方来。这些人在元代都被称作回回，被列为所谓的“色目人”的一种，和蒙古、汉、畏兀儿、唐兀、契丹等民族相区别。这时出现了聚居的回回营和回回村，他们散处在中国西北、西南以及中原各地，主要是在西北的新疆、宁夏、甘肃、陕西等地。明代时回回已成为一个民族的共同体，西北的甘肃、宁夏、陕西已成为回民的聚居区，而他们在云南也有一定的发展。从杭州到北京通州，沿运河两岸的许多地方都有回民居住区。

中国信仰伊斯兰教的民族有回族、维吾尔、哈萨克、乌孜别克、塔吉克、塔塔尔、柯尔克孜、撒拉、东乡、保安等十余个民族。伊斯兰教信仰不仅表现在意识形态、风俗习惯等方面，饮食习俗也包括其中。

阿拉伯人和波斯人的先世，不吃猪肉，伊斯兰教经典《古兰经》中规定禁食猪肉，也不能吃马、骡、驴三种家畜的肉，有的不吃狗肉，有的地区不吃带蹼的家禽肉、兔肉，有些人不吃无鳞鱼等。但吃骆驼肉、牛羊肉，特别喜吃羊肉。新疆的烤全羊、手抓羊肉、羊肉烤辣椒、甜酱烤羊腿、羊肉抓饭都是独具风味的菜肴。羊肉抓饭是新疆维吾尔族最喜欢的一种饭菜，每逢喜庆活动，或在古尔邦节、肉孜节都是必备的佳餐。将焖好的米饭盛在大托盘里，堆得小山似的，上面撒上香料，倒入炒好的羊肉及汤，最后放葡萄干、青梅块、樱桃等，人们席地围坐取食，用右手指尖抓饭。他们用右手吃饭，认为左手是不洁的。

米、面食品是西北，特别是新疆地区食清真菜的民族饮食的一部分。米蒸煮为饭和菜肴装盘中抓食，即为“抓饭”；而食品以烤、烙、炸为主，新疆的“馕”即是一种烤烙而成的大饼，“烤包子”是包成四角形带焰的发面包子，是烤熟的。回民的油香，是发面的炸制品，多包糖馅或肉馅，是一种普及食品。新疆扯面与我国北方地区的抻面相似，只是外形较粗，煮熟后，可另炒菜（用羊肉、青菜、西红柿等合炒），再与面条同炒，谓之“炒面”，亦称“爆炒面”。

清真菜烹调方法，早先以炮、烤、涮为主，后来大量吸收汉族风味菜点的烹调技法，如涮羊肉就采用汉族涮锅子的方法，成为北方清真菜的代表菜。北京的清真馆东来顺，就以涮羊肉著称。清真菜在烹饪中利用爆炒快熟的技法，制成多种名菜。为了去掉羊肉中的膻味，用葱、蒜、糖、醋、酱等调料调味，效果很好。清真菜所用肉类原料以牛、羊、鸡、鸭为主，其烹制方法类似京菜，以熘、炒、爆、涮见长，喜欢用植物油、盐、醋、糖调味。口味多清鲜脆嫩、酥烂香浓。清真菜烹制羊肉最为擅长，其“全羊席”脍炙人口。风味名菜有：芫爆散丹、瓤牛尾、烧羊肉、蒜爆羊肉、扒羊肉条、扒海参羊肉、酿烧味、它似蜜、玻璃肺、炮煳、水晶羊头、涮羊肉、烤羊肉片、五香牛肉干、五香酱羊肉、爆牛筋、锅烧鸭、酥羊肉、麻条羊尾、炸羊尾、烩口蘑羊眼、黄焖羊肉、水爆肚、都三样、清汤鱼骨、水爆肚领、果馅丸子、如意冬笋等。

清真菜基本上可分为三种风味特色。一是西北的清真菜，特别是新疆、宁夏地区的清真菜，保留了较多的阿拉伯人的饮食特色；二是长江以北的北方地区的清真菜，受北京、山东菜的影响，烹调方法较精细，烹调牛羊肉最具特色；三是杂居南方和沿海地区回族的清真菜，口味清淡，以海河水鲜、禽类为原料。

素食清供

在研究中国的菜系时，人们通常都要提到素菜和清真菜，或者单独列出两个菜系来。一般的菜系都有特定的地域分布范围，而清真菜尤其是素菜却没有明显的地域特征，它们的形成经历了长久的历史过程。

关于素菜素食的起源，饮食史学家们的意见极不一致，或以为与佛教有关，或以为很早起源于史前社会。首先在素食的定义上，各家还没有一个统一的标准，或指肉食之外的蔬食，或指佛教徒的斋食。佛教创始人释迦牟尼及其弟子，他们在沿门托钵时，遇荤吃荤，遇素吃素，并无什么禁忌。最早的佛教教义并没有规定绝对不许食荤，如释迦牟尼《四分律》说，佛教徒可食“不见、不闻、不疑为我而杀之肉”，指出凡特地为僧众杀生的种种肉不可吃，其他净肉则可以食用。在中国，大力首倡素食的据说是南朝的梁武帝，他是一个十分虔诚的佛教徒。天监十年（511 年），梁武帝集合一批沙门，与他们共同立誓永断酒肉，并以此“羞天下沙门”。又集中僧尼 1448 人于华林殿，请云法师讲《涅槃经》中“食肉断大悲种子”之文。实际上，在此前从刘宋时开始流行的《梵纲经》就明白规定“不得食一切众生肉，食肉得无量罪”；又说“不得食五辛”，五辛指大蒜、革葱、韭、薤、兴渠，这已经是极严格的戒律了。佛教的传入，对中国素食的发展起了推动作用，不过还不能据此认定素食在中国是起源于佛教。

一般来说，素食是相对肉食而言的，是完全以植物类食品为主。素食素菜在中国大约是与农业的发明同时开始的，在农业生产成为主要经济门类以后，素食便在原始中国人的饮食生活中占据了主要的位置。经历了数千年的发展，到了当代仍是如此，在广大从事农业活动的人口中，仍然是以素食为主。在古代，“肉食者”是统治者的代称，而平民百姓则是当然的素食者，即所谓“藿食者”。当然，平民百姓并不是素食主义者，肉食在他们是可望而不可即的，他们并非甘心于素食。后来的素食倡导者则完全不一样，他们甘心于素食，当然他们的出发点并不是一样的。我们在他们中间，既可以看出佛教徒的慈悲之心，也可以看到山居高士的淡泊之志，还可以看到吃腻了的贵族们的尝鲜之趣。

虽然素食有久远的历史渊源，但作为一个菜系的形成，当是在宋代才开始的。北魏贾思勰的《齐民要术》以及唐代昝殷的《食医心鉴》，虽也提到过一些蔬食的制作方法，但那些蔬食与后世的素食还不能相提并论。到北宋时，都市中出现了专营素食素菜的店铺，《梦粱录》所载市肆素食就有上百种之多。这时的素食研究著作也较多，林洪的《山家清供》一书，就是一本以叙述素食素菜为主的食谱。他还著有《茹草纪事》一书，收录了许多有关素食的典故与传闻。还有陈达叟的《本心斋蔬食谱》，也是一部极力提倡素食的著作。

明清两代是素食素菜进一步发展的时期，尤其是到清代时，素食已形成寺院素食、宫廷素食和民间素食三个支系，风格各不相同。宫廷素菜质量最高，清宫御茶膳房专设素局，能制作二百多种美味素菜。寺院素菜或称佛菜、福菜，制作十分精细，蔬果花叶皆能入馔。民间各地都有一些著名的素菜馆，吸引着众多的食客。

明清人对素食抱有不同的态度。明代高濂著《遵生八笺》十九卷，其中第十二卷载有家蔬 55 种和野蔬 91 种的烹调方法，而第十一卷叙述的肉食类馔品只有 50 种，表明作者偏重素食，符合他的“日用养生务尚淡薄”的原则。清代著名文学家袁枚，也是一位烹饪行家，他著了一本《随园食单》，在“素食单”和“小菜单”中记有 80 余种蔬素菜品的烹调方法，袁枚说：“菜有荤素，犹衣有表里也。富贵之人嗜素，甚于嗜荤。”看来他算是个提倡荤素结合的人。清代还有一位佛教徒叫薛宝辰，撰有《素食说略》，记述了清末流行的 170 余种素食的制作方法。他是一位绝对的素食主义者，反对杀牲，反对食荤。他认为只知肉食者都是昏庸之徒，而品德高尚才能出众的人，无不都以淡泊的生活来表明自己的心志。他还特别指出，素菜如果烹调得法，味美亦不亚于珍馐。他劝人素食，可谓情真意切，他说：一碗肉羹，要许多禽兽的生命换来，喝下去又有什么味道呢？试想这些动物在飞跃跳游时的自在样子，再想想它们被捕获后的样子，再看看将它们送到刀砧上的样子，真让人难过得不忍心动筷子。这就是一个佛教徒的慈悲心肠。

素食者又不都是佛教徒。明代陈继儒的《读书镜》有一语说："醉醴饱鲜，昏人神志。若蔬食菜羹，则肠胃清虚，无滓无秽，是可以养神也。"这其中所追求的另一番清净的境界，代表着相当一部分文人的思想。

素菜以绿叶菜、果品、菇类、豆制品、植物油为原料，易于消化，富有营养，利于健康。现代医学证实，许多素菜如香菇、萝卜、大蒜、竹笋、芦笋等，都具有抗癌和治癌作用。素菜还能仿制荤菜，形态逼真，口味相似。这些都是素菜越来越受到人们重视的原因。

到了现代，中国素菜已发展到数千种，烹调技法也有很大进步。这些技法大体可归纳为三类：一是卷货，用油皮包馅卷紧，以淀粉勾芡，再烧制而成，名品有素鸡、素酱肉、素肘子、素火腿等；二是卤货，以面筋、香菇为主料烧制而成，品种有素什锦、香菇面筋、酸辣片等；三是炸货，过油煎炸而成，有素虾、香椿鱼、咯炸盒等。

各地素菜名厨辈出，技艺高超。北京的"全素刘"，源出宫廷御茶膳房的御厨，能烹制 242 种名素菜，主料有面筋、腐竹、香菇、口蘑、木耳、玉兰片、竹笋等70多种，汤料有十几种，全是素菜荤做，独树一帜。上海玉佛寺的素斋，名菜有素火腿、素烧鸡、素烤鸭、红梅虾仁、银菜鳝丝、翡翠蟹粉等，全采用素料。重庆慈云寺素菜，以素托“荤”，如开席的四碟冷菜，为香肠、鸭子、鸡丝、花生仁，均以面筋、豆制品为其主料制成。其他热菜也全取素料，命以荤名，制作绝妙。

4 满汉大筵

清人入关，形成满汉饮食大交流，至今还排场壮观的“满汉全席”，正是在这样的历史背景下出现的。满汉全席的特点是筵宴规模大，进餐程序复杂，用料珍贵，菜点丰富，料理方法兼取满汉。又有满汉大席和烧烤席之称。

清初宫中仅用满席，康熙时兼用汉席。以后筵宴形成定制，廷宴分为满席、汉席、奠筵、诵经供品四大类。满席分为六等，头三等是用于帝、后、妃嫔死后的随筵，后三等主要用于三大节朝贺宴、皇帝大婚宴、赐宴各国进贡来使及下嫁外藩的公主、郡主、衍圣公来朝等。汉席分三等，主要用于临雍宴、文武会试考宫出闱宴，《实录》、《会典》等书开馆编纂日及告成日赐宴等。一等汉席肉馔鹅、鱼、鸡、鸭、猪等二十三碗，果食八碗，蒸食二碗，蔬食四碗。

清人食谱《调鼎集》中有满席、汉席条。满席记有全羊、挂炉鸭、白蒸小猪、白蒸鸭、糟蒸小猪、白哈尔巴、烧哈尔巴、挂炉鸡、白煮乌叉等。而《扬州画舫录》所录满汉席单是目前所见年代较早且较全的记录。其主要菜点有燕窝鸡丝汤，海参烩猪筋，鲜蛏萝卜丝羹，海带猪肚丝羹，鲍鱼烩珍珠菜，淡菜虾子汤，鱼翅螃蟹羹，鲫鱼舌烩熊掌，蒸驼峰，梨片伴蒸果子狸，蒸鹿尾，野鸡片汤，风猪片子，风羊片子，兔脯奶房签，鸡笋粥，猪脑羹，西施乳，文思豆腐羹，甲鱼肉片子汤，哈尔巴小猪干，油炸猪羊肉，挂炉走油鸡鹅鸭，鸽脯，猪杂什，羊杂什，燎毛猪羊肉，白煮猪羊肉，白蒸小猪子、小羊子、鸡鸭鹅，白面饽饽卷子，什锦火烧等。

满汉席出现以后，随着饮食市场的发展，很快由官场步入市肆，有了满汉大席之称。顾禄《桐桥倚棹录》卷十载，苏州酒楼开办满汉大席，市肆中卖有满汉大菜。《清稗类钞》说，“烧烤席俗称满汉大席。筵席中之无上上品也。烤，以火干之也。于燕窝、鱼翅诸珍错外，必用烧猪、烧方皆以全体烧之。酒三巡，则进烧猪，膳夫、仆人皆衣礼服而入。膳夫奉以侍，仆人解所佩之小刀脔割之，盛于器，屈膝，献首座之专客。专客起箸，筵座者始从而尝之，典至隆也。次者用烧方。方者，豚肉一方，非全体，然较之仅有烧鸭者，犹贵重也。”

满汉席包括红白烧烤、冷热菜肴、点心蜜饯、瓜果茶酒等。满汉席也受到其他筵席的影响，因有号称一百有八品的全羊席和全鳝席，这种形式影响了满汉大席，致使后来的满汉全席有了一百零八道菜的名目，甚至还有多达200余品的满汉席。满汉席传播到许多城市，《粤菜存真》中录有广州、四川两地的满汉全席谱。民国《全席谱》中录有太原满汉全席。沈阳、大连、天津、开封、台湾、香港也都陆续有了自具特点的满汉全席。正是因为清末民初的时代变迁，使得各地的满汉全席流派纷呈，各具风采。源出于官场的满汉席，进入市肆后得到新的发展，各地的满汉席虽有相似的格局，却没有通用的菜单。

满汉全席由于菜品数量很大，一餐不能胜食，往往要分作几餐，甚至分作几天用。进食的程序也很讲究，礼仪比较隆重。

四　调和有方

治国与烹饪

历史上无数的名将贤相，都要通过建功立业去得到帝王的赏识，而以擅长烹饪而入主朝廷的人，委实不算多，殷商开国之相伊尹，便是其中最伟大的一位。

伊尹名挚，生活在约公元前 16 世纪的夏末商初，辅佐商汤，立为三公，官名阿衡。伊尹本是一个弃婴，有侁氏的一个女子采桑时，在桑林中发现了他。女子将婴儿献给了他的国君，国君便将抚养之责交给了庖人，还派人去调查婴儿的来历。婴儿之母本居伊水上游，怀孕后梦见神告诉她说："如果你看见舂米的石臼中冒出水来，就头也不回地往东方跑去。"次日便见到石臼冒水的怪事，她把这事告知邻居后，便一口气向东跑了十里地。等到回头看时，家乡已是一片汪洋，她在桑林中分娩后不幸死去。

伊尹在庖人的教导下长大成人，成了远近闻名的能人。商汤听到伊尹的声名，三次派人向有侁氏求贤。后来商汤想出了一个妙法，他向有侁氏求婚，这使得这个小邦之君十分高兴，真是求之不得的美事，不仅心甘情愿地把女儿嫁给了商汤，而且还答应让伊尹做了随嫁的媵臣。商汤郑重其事的为伊尹在宗庙里举行了除灾去邪的仪式，在桔槔上点起火炬，在伊尹身上涂上猪血。到了第二天，商汤正式召见伊尹。伊尹开口就从饮食滋味说起，以此引起商汤的兴趣。伊尹谈到，凡当政的人，要像厨师调味一样，懂得如何调好甜、酸、苦、辣、咸五味。首先得弄清各人不同的口味，才能满足他们的嗜好。作为一个国君，自然须得体察平民的疾苦，洞悉百姓的心愿，才能满足他们的要求。

伊尹说，商王朝不过是个方圆七十里的小国，不可能具备各种美味，只有当天子的，才有可能得到各种佳肴。屈原的《九章·惜往日》说“伊尹烹于庖厨”，伊尹实在是太了解烹调术了，他口中所说的那一整套烹调理论，使商汤佩服得很。他说，动物按其气味可分作三类，生活在水里的味腥，食肉的味臊，吃草的味膻。尽管气味都不美，却都可以做成美味的佳肴，但要按不同的烹法才行。决定滋味的根本，第一位的是水，要靠酸、甜、苦、辣、咸五味和水、木、火三材来烹调。鼎中多次沸腾，多次变化，都要靠火来调节，或文火或武火，便可消除腥味，去掉臊味，改变膻味，转臭为香。五味的投放次序和用量及配料的组合都十分微妙，烹调时的精微变化，都不大容易用语言表述清楚。只有掌握了娴熟的技巧，才能使菜肴达到久而不败，熟而不烂，甜而不过，酸而不烈，咸而不涩苦，辛而不刺激，淡而不寡味，肥而不腻口。

究竟哪些算是美味呢？伊尹从肉、鱼、果、蔬、调料、谷食、水等几方面列举出了数十种。肉中佳品有猩猩唇、貛鸟跖、隽燕尾、述荡肘，还有牦牛尾和大象鼻及凤凰蛋。鱼中美味有洞庭鲔鱼、东海鲕鱼、澧水六脚朱鳖、藋水善飞的鳐。菜中佳品有昆仑苹草、寿木的花、赤木和玄木之叶、南方碧菜嘉树、华阳的芸、云梦的芹、太湖的菁、浸渊的土英。上好的调料有阳朴生姜、招摇桂皮、越骆之菌，还有鳣鲔鱼酱、大夏的盐、宰揭的甘露和长泽的鱼子。饭食之美有玄山的谷、不周山的粟、阳山的穄、南海的黍。水中佳品则有三危的露、昆仑的泉、沮江摇水、高泉涌泉。果中美者，有沙棠之果、常山百果、箕山甘栌、大江边的橘和云梦的柚。

这些美味几乎没有一种产在商王朝所在的亳地，所以伊尹再次强调说：不先得天下而为天子，就不可能享有这些美味。这些美味好比仁义之道，国君首先要知道仁义即天下的大道，有仁义便可顺天命而成为天子。天子行仁义之道以化天下，太平盛世自然就会出现。

伊尹的这一通鸿篇大论，不仅说得商汤馋涎欲滴，而且使得这位开国之君的思想发生了重大改变。商起初为夏的属国，商汤按成规要朝见夏桀，向夏纳贡。夏桀的残暴，彻底破灭了商汤原准备辅佐他的幻想。自从听到了伊尹的高论，更坚定了他攻伐夏桀推翻夏王朝的决心，当即举伊尹为相，立为三公。商汤终于在伊尹辅佐下，推翻了夏桀的残暴统治，奠定了商王朝的根基。商汤之有天下，不能不归功于伊尹。

当然，商汤之伐夏，绝不单是为口腹之欲。伊尹之说味，亦绝非“以割烹要汤”。商汤的成功，完全是“顺乎天而应乎人”，是历史发展的必然。

伊尹的说辞中不仅列举了四面八方的饮食特产，更重要的是“三材五味”论，道出了中华文明早期阶段烹饪所达到的高度，表明夏商之际的饮食生活区域性局限已经被打破，南北的交流已经成为事实。天子与诸侯醉心于搜求远方的美味佳肴，不过尽管位居天子，也未必能得到伊尹所说的全部美味。

美味是调出来的，要说调味，就要说到酱。商代之时，调味品主要是盐、梅，取咸、酸主味，正如《尚书·说命》所言“若作和羹，尔惟盐梅”。到周代之时，调味依然也少不了用盐梅，而更多的是用酱，这种酱便是可以直接食用的醢醢。

古今都十分看重酱的作用。《清异录》说：“酱，八珍主人；醋，食总管也。”意为没有酱就不可想象饮食会成什么体统。时代的变更，食者嗜酱的习惯多少会随着有些改变。如《云仙杂记》中说唐代风俗贵重葫芦酱，《方言》中说汉代以鱼皮乌贼之酱为贵。

周代的情形，详见于三礼。《礼记·曲礼》说：“献孰食者操酱齐”，孰食即熟肉，酱齐指酱齑。经学家的注解是：“酱齐为食之主，执主来则食可知，若见芥酱，必知献鱼脍之属也。”也就是说吃什么肉，便用什么酱，有经验的吃客，只要看到侍者端上来的是什么酱，便会知道能吃到哪些珍味了。

难怪周王有庶馐百二十品，还须配酱百二十瓮！每种肴馔几乎都要专用的酱品配餐，这是周代贵族们创下的前所未有的饮食制度。根据《礼记·内则》的记载，可以见到不少这样的配餐规定。如食蜗醢配以雉羹，食麦饭配脯羹和鸡羹，食稻饭则配犬羹和兔羹。煮豚配以苦菜，烹鸡和炰鳖配以醢酱，烧鱼则配卵酱，食干脯配蚳醢，食脯羹配兔醢，食麋肤大鹿肉片配鱼醢，食鱼脍用芥酱，食麋腥（生肉）用醢酱。孔子的名言"不得其酱不食"，正是这种配餐原则最好的体现。

食官与庖人

古代将宫廷御膳的管理机构称为"太官"，将厨师称为"庖人"，将食谱类著作称为"食经"。中国饮食文化传统的丰富与完善、继承与发扬，太官、庖人和食经都发挥了重要作用。所以我们在这一章里，要分别论及历史上的太官、庖人和食经，借以一窥古代饮食文化的丰富内涵。

历代王朝文武百官中，少不了食官，他们主要参与宫廷膳食的管理。食官虽然文不足以治国，武不足以安邦，但常常被看做是重要一类的官职，《周礼》将食官统归"天官"之列便是证明。汉代以后的"大官"或"太官"，名称正源于天官，都是宫廷食官。称食官为天官，与"食为天"的观念正相吻合。周官中的天官主要分宰官、食官、衣官和内侍几种，其中宰官为主政之官，食官在天官中的位置仅次于宰官。

古代有这样一个比喻，说自古有君必有臣，就像有吃饭的人一定应有厨师一样。要吃，就要有制作食物的人。古代将以烹调为职业的人称为庖人，也就是现在我们所说的厨师。厨师在古代有时地位较高，受到社会的尊重；有时也挣扎在社会的最底层，受到极不公平的待遇。庖人是中国古代饮食文化的主要创造者之一，他们的劳作、他们的成就，理应得到公正的评价。

司马迁作《史记》，后司马贞补有《三皇本纪》一篇，记述传说的人文初祖伏羲，即是一个与庖厨有职业联系的人物。《本纪》说："太昊伏羲养牺牲以庖厨，故曰庖牺。"或又称"伏牺"，获取猎物之谓也。此语出自佚书《帝王世纪》，不是司马氏的杜撰。我们的初祖是厨人出身，而且还以这个职业取名，说明在史前时代、在历史初期，这一定还是相当高尚的事情，不至于被人瞧不起。

一个国君好比一个美食家，他的大臣们就是厨师。这些厨艺高超的大臣有的善屠宰，有的善火候，有的善调味，肴馔不会不美，国家不愁治理不好。商王武丁有名相傅说，他于梦中见到他想得到的这个人，令人四处访求，举以为相。武丁重用傅说，国家大治，他将傅说比为酿酒的酵母、调羹的盐梅，也是以厨事喻治国。武丁赞美傅说的话是："若作酒醴，尔惟曲蘖；若作和羹，尔惟盐梅。"

后世也还有人因厨艺高超而得高官厚禄的，尤其是在那些喜好滋味享受的帝王在位时。《宋书·毛脩之列传》说，毛脩之被北魏擒获，他曾做美味羊羹进献尚书令，尚书"以为绝味，献之武帝"。武帝拓跋焘也觉得美不胜言，十分高兴，于是提升毛脩之为太官令。后来毛氏又以功擢为尚书、封南郡公，但太官令一职仍然兼领。又据《梁书·循吏列传》所记，孙谦精于厨艺，常常给朝中显要官员烹制美味，以此密切感情。在谋得供职太官的机会后，皇上的膳食都由他亲自烹调，不怕劳累，深得赏识，"遂得为列卿、御史中丞、两郡太守"。还有北魏洛阳人侯刚，也是由厨师进入仕途的。侯刚出身贫寒，年轻时"以善于鼎俎，得进膳出入，积官至尝食典御"，后封武阳县侯，晋爵为公。

厨师进入仕途的现象，在汉代就曾一度成为普遍的事实。据《后汉书·刘圣公列传》说，更始帝刘玄时所授功臣官爵者，不少是商贾乃至仆竖，也有一些是膳夫庖人出身。由于这做法不合常理，引起社会舆论的关注，所以当时长安传出讥讽歌谣，所谓"灶下养，中郎将；烂羊胃，骑都尉；烂羊头，关内侯"。当时的厨师大约以战功获官的多，这就另当别论了。

历代庖人更多的是服务于达官贵人，能有做官机会的不会太多，而做大官的机会就更少了。庖人立身处世，靠的还是自己的技艺，他们身怀绝技，在社会上还是比较受人尊重的。庄子津津乐道的庖丁解牛，是以纯熟刀法见长。庖人的受尊重，也表现在战乱时期。《新五代史·吴越世家》说，身为越州观察使的刘汉宏，被追杀时“易服持脍刀”，而且口中高喊他是个厨师，一面喊一面拿着厨刀给追兵看，他因此蒙混过关，免于一死。又据《三水小牍》所记，王仙芝起义军逮住郯城县令陆存，陆诈言自己是庖人，起义军不信，让他煎油饼试试真假，结果他半天也没煎出一张饼。陆存硬着头皮献丑，他也因此捡回一条性命。这两个事例都说明，厨师在战乱时属于重点保护的对象，否则，这两个官员都不会装扮成厨师逃命了。

厨师能否比较广泛受到尊重，名人的作用也是很重要的。据焦竑《玉堂丛语》卷八说，明代宰相张居正父丧归葬，所经之处，地方官都拿出水陆珍馔招待他，可他还说是没地方下筷子，他看不上那些食物。可巧有一个叫钱普的无锡人，他虽身为太守，却做得一手好菜，而且是地道的吴馔。张居正吃了，觉得特别香美，于是大加赞赏说：“我到了这个地方，才算真正吃饱了肚子。”此语一出，吴馔身份倍涨，有钱人家都以有一吴中庖人做饭为荣。这样赶时髦的结果，使“吴中之善为庖者，召募殆尽，皆得善价以归”。吴厨的地位因此提得很高，吴馔也因此传播得很广。

古有“君子远庖厨”一语，不少人理解为是君子就别进厨房，好像杀牛宰羊就一定是小人似的，这是误解。原话是孟子与齐宣王的谈话，谈到的是君子的仁慈之心，说君子对于飞禽走兽，往往是看到它们活着，就不忍心见到它们死去；听到它们临死时的悲鸣声，就不忍心再吃它们的肉。所以嘛，君子总是把厨房盖在较远的地方。为了吃肉觉得香甜，不要去看宰杀禽兽的场面，也不要听见禽兽的惨叫声，所以就有了“君子远庖厨”的经验之谈。这话还见于《礼记·玉藻》，说在祭祀杀牲时，君子不要让身体染上牲血，不要亲自去操刀，所以也要“远庖厨”。

从历来出土的汉代画像石、画像砖及墓室壁画上，我们常常可以看到画面上表现的庖厨活动，有时描绘的场面很大，许多厨师从事着各种厨事活动。这些描绘有庖厨场景的汉画，是研究汉代饮食文化史最宝贵的资料。画像石和画像砖都是墓室的建筑材料，采用凿刻和模印手法表现汉代人的现实生活与精神世界。表现厨师庖厨活动的画像石以山东地区和河南密县所见最为精彩，常见大场面的刻画。四川地区的画像砖则擅长表现小范围的庖厨活动，厨事活动塑造细致入微。

一些非常壮观的汉画庖厨图，将许多庖厨活动刻绘在一个画面上，具有很强的写实风格。如山东诸城前凉台村就发现有这样一方画像石，画面高 1.52 米、宽 0.76 米，石工以阴线刻的手法，集酿造、庖宰、烹饪活动于一石，描绘了一个庞大而忙碌的庖厨场面。这是一幅精彩的汉代庖厨鸟瞰图，表现了 43 位厨人的劳作，包括汲水、蒸煮、过滤、酿造、杀牲、切肉、斫鱼、制脯、备宴等内容。

3 厨娘本色

北宋科学家沈括，为杭州人，他在晚年所著的

《梦溪笔谈》一书中，谈到其亲身所经历的两件事，说的都是烹调不得法而不得美食的事。他说当时北方人爱用麻油煎物，不论什么食物都用油煎。一次，几位学士聚会翰林院，嘱人弄来一篮子生蛤蜊，让厨人代烹。过了许久都不见蛤蜊端上桌来，学士们都很奇怪，就派人去厨中催取，回报说蛤蜊已用油煎得焦黑，却还不见熟烂，座客莫不大笑，笑厨人不懂蛤蜊的烹法。又有一次，沈括到一友人家做客，馔品中有一品油煎鱼，但鱼鳞与鱼鳍事先都没去掉，让人不知如何下嘴。而那家主人夹起一条鱼横着就啃了起来，可总觉着不是滋味，咬了一口，只得作罢。

沈括说的都是些手段不高，见识不多的厨人，在北食与南食的交流过程中，也难免出现这一类事情。不过北宋的厨人并不都是如此，高手大有人在。如斫鲜须有“脍匠”，往往由厨婢担当，厨婢宋时又称为厨娘。宋代的厨娘有许多特别之处，也算是一种了不得的职业。据廖莹中《江行杂录》所说，“京都中下之户，不重生男，每生女则爱如捧璧擎珠。甫长成，则随其姿质，教以艺业”。这些艺业，无非是琴棋书画、拆洗缝补、演剧歌舞，都是准备将来为达官贵人招用的。其中也不乏学习厨事的，成为厨娘，她们在各项艺业中被认为最是下色，不过非是极富贵之家，还真雇她不起。

宋代厨娘自己并不自卑，时常表现出一种超然的风度。《江行杂录》说有一位告老还乡的太守，极想尝尝京师厨娘的手艺如何，费了很大的力气才托朋友物色到一名，那是刚从某大老爷府中辞出来的，年方二十，能书会算，而且天生丽质，十分标致。朋友遣专人将厨娘护送到老太守府上，而厨娘却不肯即刻进府，而是在离城五里外的地方住下，亲笔写了一封告帖请人送给太守，提出用四抬暖轿迎接的请求。太守也不含糊，竟毫不犹豫地满足了她这过分的要求。及至招入府中，只见这厨娘红裙翠裳，举止大方娴雅，太守乐不可支。厨娘随带自备的全套厨具，其中许多都是白银所制，刀砧杂器，一一精致。厨娘的派头不单只表现在讨轿子坐，主厨亦如是，她得等下手们把将要烹调的物料洗剥停当，才徐徐站起身来，“更围袄围裙，银索攀膊，掉臂而入，据坐胡床缕切，徐起取抹批脔，惯熟条理，真有运斤成风之势”。真本领是有的。等待肴馔上桌，座客饱餐，赞不绝口。到了第二日，太守没想到厨娘还要当面讨赏，而且她还表明这是成例，她过去做完筵席后，受赏动辄绵帛百匹、钱三二百千。太守无奈，只得照数支给，过后连连叹道：“吾辈势力单薄，此等筵宴不宜常举，此等厨娘不宜常用!”不出几日，太守便找了个借口，将厨娘打发走了。

宋代厨娘有时只精治一艺，不一定通理厨事。曾有一书生娶一厨娘为妻，以为从此便能将白菜豆腐都变作美味佳肴。后来一上灶，做出的饭菜也是味道平平，并无出色之处，原来这厨娘当初只不过是专管切葱而已。当然厨娘中也不乏巧思过人者。有一主人曾出了一道难题，要吃有葱味而不见葱的肉包子。厨娘并没费力就办到了，她在蒸时将包子上插入一根葱，熟时即拔去，果然是闻葱不见葱了。

在河南偃师的宋代墓葬中，曾出土过几方厨娘画像砖。砖雕上的厨娘危髻高耸，裙衫齐整，有斫脍者，也有烹茶者和涤器者，可以看出她们身怀绝技、精明强干。乍一见她们貌似华贵的装束和婀娜多姿的体态，令人很难相信这就是北宋时代的厨娘，倒很有些像是富贵千金。收藏在中国历史博物馆（今为国家博物馆）的四方厨娘画像砖，从四个侧面刻绘了北宋厨娘的厨事活动。第一方画像砖表现的是整装待厨的厨娘，只见一位厨娘正在装扮自己，背景上空无一物。第二方表现的是正在斫脍的厨娘，方形俎案上摆放着尖刀、砧板和几条河鱼，案旁有水盆和火炉，厨娘已经挽起了衣袖，斫鱼即将开始。第三方表现的是煎茶汤的厨娘，一位厨娘手持铁箸，正在拨动方柜形炉台里的炉火，炉内煨着汤瓶。第四方表现的是涤器的厨娘，在系有围幔的方形案台上，放着茶匙、茶盏和茶缸等，一位厨娘手拿拭巾，在全神贯注地擦拭一只茶盏。

一般的庶民家庭，平日里并无什么好吃好喝，用不着也雇不起厨娘，通常都是主妇直接动手，为一家人准备膳食。

4 齐民有术

烹饪之法，由周代“八珍”开始，已见诸文字，但大多只限于口传身授。虽然也会有一些成文的“食谱”，但也多只限于家传。到南北朝时，这种情形开始有了改变。

南北朝时，许多官吏潜心钻研烹调术，有些人因有高超的厨艺而受到宠幸，甚至加官晋爵，荣耀一时。萧梁时有个孙廉，天天给皇上送好吃的，而且亲手烹调，不辞劳累，结果得为列卿，累官御史中丞、两郡太守。

南齐时有一位很著名的烹饪高手，名叫虞悰，被任命为祠部尚书，专管荐美味祭太庙之职。有一次，齐高帝萧道成游幸芳林园，向虞悰要一种叫“扁米粣”的食品吃，也不知这究竟是什么吃物。虞悰不仅送来了扁米粣，还送来“杂肴数十舆”，连太官的御膳也赶不上他做得好。皇上吃得高兴了，便向虞悰讨要各种“饮食方”，没想到遭到拒绝。皇上饮醉后身体不适，虞悰只献出了一种醒酒方。虞悰能烹出美味，原来他也有一套秘不示人的妙法，竟然对皇帝也保守秘密，似乎是一件比性命还要宝贵的法宝。唐代以后，有人慕虞悰声名，造出一部东拼西凑的《食珍录》，言为虞悰所传。实际上虞法早已失传，可能虞悰自己根本就没想将他的本事传之于后世。

北魏还有一位辅佐拓跋珪建国的功臣，即官拜司徒的崔浩，他曾根据家传写过一部《食经》，记述了本家日常饮食及筵宴菜肴的制法，共有九篇，可惜此书早已散佚不存。

隋唐以前，关于饮食方面的著作已不算少，篇目有如《神农食经》、《食馔次第法》、《四时御食经》、《老子禁食经》、《养生要集》、《太官食法》、《家政方》、《羹臛法》、《北方生酱法》等，可惜它们同崔浩的《食经》一样，全都失传了。

北魏时曾任高阳（今山东桓台东）太守的贾思勰，是历史上著名的农学家，也是一位少有的精于烹调术的人。由他整理的第一套流传至今的饮馔谱，收入自撰的伟大著作《齐民要术》中。该书的写作无疑参考了当时的一些饮食著作，是一部十分珍贵的文献。贾氏的高明之处，是他把烹调术与农、林、牧、渔等有关国计民生的生产技术并列在一起，作为齐民之大术。如若不是这样，这一部分饮馔方面的内容恐怕也很难流传下来。贾思勰有功于中国饮食文化的传播，隋唐以前，独此一书，独此一人。

《齐民要术》著述了造曲酿酒术和做酱法、醋法、豉法、齑法，还有脯腊法、羹臛法、炙法、饼法、飧饭等烹饪技术，以及饮食所需技艺，十分完备。

造曲酿酒，有严格的操作规范，尤其对洁净度要求很高。成功不会是轻而易举得来的，人们常常还得以虔诚的心祈请神灵佑助，这就使得整个酿造过程充满了神秘的色彩。如造一种“神曲”，必须使青衣童子在日出前汲水备用，团曲饼也必须全是童子小儿。团好的曲饼一个挨一个摆在屋中，还要留出横竖的通道，造曲的小儿就站在通道上，其中五人要假扮曲王。接着主人用酒脯汤饼祭曲王，口中还得连续三遍读“祝曲文”，无非是反复说些请神灵保佑造曲成功之类的话。准备酿酒蒸好的酒饭，人畜均不得食用，甚至不得令鸡狗看见，极求清洁。

酱、醋、豉、齑，都是秦汉以来重要的调味品，《齐民要术》详尽地记述了秦汉以来重要的调味品及制作方法。酱类包括豆酱、肉酱、鱼酱、麦酱、榆子酱、虾酱、鱼肠酱、芥子酱等，醋则有大醋、秫米神醋、大麦醋、烧饼醋、糟糠醋、大豆千岁酒、水苦酒、乌梅苦酒、蜜苦酒等。苦酒为醋的别名。以酿大麦醋为例，规定必须七月七日做，七日如不得闲，则得收起这日的水，等到十五日时做，除此二日，醋难做成。做醋时，特别要注意不能让人的头发掉进瓮中，否则便会坏醋。不过只要把头发取出来，醋还会变好的。

鱼鲊脯腊，是用不同方法腌制的鱼肉。《齐民要术》中记有荷叶裹鲊、长沙蒲鲊、夏月鱼鲊、干鱼鲊、猪肉鲊、五味脯、度夏白脯、浥鱼等制法。以荷叶裹鲊为例，其制法是：鱼块洗净后撒上盐，拌好米粉，用荷叶厚厚包裹，三两日便熟，清香味美，独具风味。鲊鱼即咸鱼，食时洗去盐，可蒸可煮，可酱可煎，比起鲜鱼，更有一番风味。

《齐民要术》自“羹臛法”一节开始，所述都是比较具体的烹饪方法。羹肤类中有芋子酸臛、鸭臛、鳖臛、猪蹄酸羹、羊蹄臛、兔臛、酸羹、胡麻羹、瓠叶羹、鸡羹、羌煮、鲈鱼莼羹、醋菹鹅鸭羹、菰菌鱼羹、鳢鱼臛等。其中羌煮和莼羹，前文已经述及，且再举鳖臛法为例：先把鳖放进沸水内煮一下，剥去甲壳和内脏，用羊肉一斤、葱三升、豉五合、粳米半合、姜五两、木兰一寸、酒二升煮鳖，然后以盐、醋调味。贾思勰在这一节还记有一条治肉羹过咸的奇法：取车辙中干土末，用绵筛过，用双层布帛作袋装好土末，系紧袋口，沉入锅底，一会儿汤味就淡了。此法估计是行之有效的，不知有人试用过没有。

蒸菜是中国菜中的一大类，早在商周时就有了很高的蒸技。《齐民要术》所记的蒸菜包括蒸熊、蒸羊、蒸豚、蒸鹅、蒸鸡、蒸猪头、裹蒸生鱼、毛蒸鱼菜、蒸藕等，方法一般都是调好味后，直接放入甑中蒸熟。这里同时还提及一种“悬熟法”，用十斤去皮猪肉切成块，葱白一升、生姜五合、橘皮二叶、秫米三升、豉汁五合，调高味拌匀，蒸上七斗米的时间即成，这可能是一种汽蒸法，用特制的汽锅蒸成。蒸藕的方法也很别致，净洗藕，斫去节，将蜜糖满灌藕孔中，用面团封住孔口。蒸熟后倒去蜜水，削去外表一层皮，用小刀切着吃，甜美无比。

其他火熟的菜肴还有五侯鲭、杂碎羹、腤鸡、腤白肉、腤鱼、蜜纯煎鱼、糖醋鱼、鸭煎、爆炒鸡丁等。腤是一种类似浇汁的烹法，将鱼肉先烹熟，然后再加汤煮或浇上汁。蜜纯煎鱼的做法是，取用鲫鱼净治，但不去鳞片，醋、蜜各半，再加盐渍鱼，约摸过一顿饭时间便把鱼漉出，用油煎成红色即可食用。

还有一种以醋浆为主要佐料的烹法，称为“菹绿”，就是酸肉。这种酸肉有的用醋汁煮成，有的用醋汁浇成，有的则直接蘸醋食用。例如“白菹”法，先用白水煮鹅、鸭、鸡，剔去骨头，斫成块后放入杯中，浇以盐醋肉汁即成。又如白煮猪，小猪洗削极净，盛于绢袋中，放入醋浆中煮。绢袋上要压上小石块，不使浮起。煮两沸即取出，以冷水浇之，用茅蒿揩令极白净。又和面粉为稀浆，重用绢袋盛猪放面浆中煮，熟透的乳猪皮如玉色，滑嫩甘美。

炙烤本是一种最古老的肉食方法，发展到贾思勰的时代已相当完备。贾思勰记下的炙品有烤乳猪、棒炙、腩炙、牛胘炙、灌肠炙、跳丸炙、捣炙、衔炙、饼炙、范炙、炙蚶、炙车螯、炙鱼等。烤乳猪在南北朝时已是一道很著名的大菜，烤时一面急转，一面以清酒和猪油涂抹，烤成的猪肉色如真金琥珀，入口即消，如冰雪一般。棒炙是烤牛腿，先烤其一面，烤熟即割，割下接着再烤。不可四面轮烤，否则不好吃。腩炙是烤肉块，羊、牛、獐、鹿均可用，肉要放入调料中渍一会儿再烤，得一气烤熟。灌肠炙是将调好味的羊肉灌到羊盘肠中烤熟，切而食之，十分香美。跳丸炙实是猪羊肉合做的肉圆，放在肉汤中煮成。捣炙和衔炙均如烤肉串，用鸡蛋或白鱼肉拌子鹅肉沫，抟在竹签上烤熟。饼炙是取鱼肉或猪肉斫碎，调入味后做成饼状，用微火慢煎，色红便熟。范炙是指烤鹅烤鸭，整只鹅鸭在烤之前要把骨头捶碎，涂上调料再烤，烤熟后去骨装盘上席。

肉食中的糟肉法和苞肉法，也很值得一提。糟肉四季可做，用水和酒糟成粥状，放上盐，将烤好的棒炙肉放在糟中。存放在阴凉处，夏天可十日不坏，是下酒佐饭的佳品。苞肉必须冬季杀猪，经一宿肉半干后，割成棒炙形状，用茅草包裹起来，再用泥厚厚封实，挂在阴凉处，可以存放到下一年七八月不坏，依然如新宰的鲜肉。这种密闭保鲜的方法，在现代来看也是十分科学的。

主食包括饼和饭，还有点心等。因为当时已很流行发面饼，所以贾思勰先谈了做饼酵的方法，然后举出了白饼、烧饼、髓饼、膏环、鸡鸭蛋饼、细环饼、截饼、餢飳、水引馎饦、碁子面、粉饼、豚皮饼等的制作方法。髓饼是用骨髓与蜜合面烤成，膏环则是油炸的馓子，又名粔籹。细环饼和截饼也是用蜜调水和面，亦以油煎成。环饼又名寒具，截饼略为短小。餢飳为圆形油饼，也要求以蜜水和面。馎饦是用手指在水盆中挼出的面条，用急火煮熟。碁子面状如棋子，先过甑蒸熟，可以存放些时日，需要时再用水煮一下，浇上肉汁食用。粉饼似米线，将面浆通过有孔的牛角勺挤捺成线，然后煮熟浇汁即可食用。豚皮饼有些像现在陕西一带的面皮，调面浆涂钵中，将钵放开水内一烫即成。

饭食则有粟飧、寒食浆、菰米饭、胡饭等，还有粳米、糗糒和枣糒等干粮的制法。糗糒是将米蒸熟曝干，磨成细粉，是供旅行用的一种理想的方便食品。

贾思勰的可贵之处还在于他没有忘记平民的饮食。他在书中还单立“素食”一节，述及不少大众菜肴，这在烹饪史上是十分难得的资料。这一点常常不为一些美食家们所重视，所以直到历史推进到11世纪以后的宋代，中国才开始有素食专著问世。

《齐民要术》所记的素菜有葱韭羹、瓠羹、油豉、膏煎紫菜、薤白蒸、稣托饭、蜜姜、無瓜瓠、無汉瓜、無菌、無茄子等。如無茄子的方法是：要选无子的嫩茄，用竹刀或骨刀切破成四块，用铁刀切易发黑。将切好的茄子放开水中一淖，熬热油后，将葱白、酱油、茄子一起下锅無熟，最后撒些花椒姜末即成。

平民素食中分量更重的是咸菜之类。《齐民要术》提到的咸菜和酸菜有：葵、菘、芜、菁、蜀芥咸菹、淡菹、汤菹、卒菹、酢菹、菹消、蒲菹、瓜菹、苦笋紫菜菹、竹菜菹、胡芹小蒜菹、菘根萝卜菹、紫菜菹，还有蜜姜、梅瓜、梨菹、木耳菹、蕨菹、荇菹等，有一些显然属野菜。别看是做咸菜，也极有学问，不知诀窍，也不易成功。如有些菜只能用极咸的盐水洗，而不能用淡水洗，否则必会烂坏。又如紫菜用冷水一渍便会自解，不可用热水烫洗，否则就会失去原味。腌菜的瓮须得密封，禁断内外空气流通，从汉代起就流行的泡菜罐正充此用。蔬菜瓜果除了腌制，还可以鲜藏，其方法是：九月或十月在向阳处掘窖深四五尺，将菜放入窖中，一层菜一层土埋好，离坑口一尺便止。上面用禾草厚厚盖好，可以存放到冬天不坏，需用时便挖取，与鲜菜没什么区别。北方气候寒冷，冬日蔬菜不能生长，窖藏鲜菜的办法弥补了这个不足，也是没有办法的办法。

《齐民要术》饮馔部分，是汉代至北魏时期黄河流域饮食烹饪技术的高度总结，是唐代以前最伟大的一部烹饪著作。

5 袁枚论烹

袁枚字子才，号简斋，晚年号随园老人，浙江钱塘人，清代著名文学家、诗人兼美食家。年轻时做过几县知县，40岁时退隐于南京小仓山房随园，潜心著述。《随园食单》是他大量著述中的一种，书中不仅介绍了清代流行的南北菜肴饭点及名茶名酒，还在“须知单”中提出了20条厨事原则，在“戒单”中提出了14条饮食原则，这在当时来说，可谓尽善尽美了。

让我们先来读读袁枚所写的“须知单”，实际上是为厨师们总结出来的烹饪规则。

（1）先天须知。首先要了解食物原料的本来特性，取其精良而用之，“物性不良，虽易牙烹之，亦无味也”。物料选择是十分重要的，“大抵一席佳肴，司厨之功居其六，买办之功居其四”。

（2）作料须知。作料或称佐料，也就是调味品。“厨者之作料，如妇人之衣服首饰也，虽有天姿，虽善涂抹，而敝衣蓝缕，西子亦难以为容。善烹调者，酱用伏酱，先尝甘否；油用香油，须审生热，酒用酒娘，废去糟粕；醋用米醋，须求清冽。且酱有清浓之分，油有荤素之别，酒有酸甜之异，醋有陈新之殊，不可丝毫错误。其他葱、椒、姜、桂、糖、盐，虽用之不多，而俱宜选择上品。”

（3）洗刷须知。烹饪原料的清洗，要看具体原料，抓住关键所在。“燕窝去毛，海参去泥，鱼翅去沙，鹿角去膘。”原料的处理，有一定的窍门，如果掌握不好，往往会出岔子，“肉有筋瓣，剔之则酥，鸭有肾臊，削之则净。鱼胆破，而全盘皆苦；鳗涎存，而满碗多腥。韭删叶而白存，菜弃边而心出”。类似的经验，都是在实践中摸索出来的，有些教条却还非遵循不可。

（4）调剂须知。肴馔的烹调方法，要视具体原料特点而定，灵活多变。“有酒水兼用者，有专用酒不用水者，有专用水不用酒者；有盐酱并用者，有专用清酱不用盐者，有用盐不用酱者。有物太腻，要用油先炙者；有气太腥，要用醋先喷者。有取鲜必用冰糖者。有以干燥为贵者，使其味入于内，煎炒之物是也；有以汤多为贵者，使其味溢于外，清浮之物是也。”

（5）配搭须知。许多菜肴除主料外，还要配以相宜的辅料，这种搭配方法，也有不少学问。袁枚引述谚语“相女配夫”来说明这个问题的重要性，以为配菜同搞对象一样，也要才貌相宜。“要使清者配清，浓者配浓，柔者配柔，刚者配刚，方有相合之妙。”袁枚还举了一些具体的配菜例子，他说：“可荤可素者，蘑菇、鲜笋、冬瓜是也；可荤不可素者，葱、韭、茴香、新蒜是也；可素不可荤者，芹菜、百合、刀豆是也。”袁枚还谈到搭配不当的例子，如“置蟹粉于燕窝之中，放百合于鸡猪之内”，这就像是让两个生活在不同时代的人对坐在一起，应了关公战秦琼那话，满不是一回事。

（6）独用须知。还有些菜肴是无须搭配的，用不着使用辅料。一些味道本来就浓重的食物，“只宜独用，不可搭配”，这就像某些精明强悍的人才一样，“须专用之，方尽其才”，否则还会造成内耗。袁枚举例说：“食物中鳗也，鳖也，蟹也，鲥鱼也，牛羊也，皆宜独食，不可加搭配，何也？此数物者味甚厚，力量甚大，而流弊亦甚多，用五味调和，全力治之，方能取其长而去其弊。”如果不加考虑而随意搭配，可能达不到取其长而去其弊的目的，若以海参配甲鱼、鱼翅配蟹粉，那么便会造成抑长扬短的结果，“甲鱼、蟹粉之味，海参、鱼翅分之而不足；海参、鱼翅之弊，甲鱼、蟹粉染之而有余”。

（7）火候须知。烹饪的关键在火候，有武火、文火之分。“有须武火者，煎炒是也，火弱则物疲矣；有须文火者，煨煮是也，火猛则物枯矣；有先用武火而后用文火者，汤之物是也，性急则皮焦而里不熟矣。有愈煮愈嫩者，腰子、鸡蛋之类是也，有略煮即不嫩者，鲜鱼、蚶蛤之类是也。”火候要足，但也忌过，过了也烧不出好菜，“肉起迟则红色变黑，鱼起迟则活肉变死。屡开锅盖，则多沫而少香；火息再烧，则走油而味失”。一个厨师只有熟练掌握了火候技巧，那么他才算得上是地道的厨师。

（8）色臭须知。菜肴讲究色彩和气味，眼睛和鼻孔就是用于欣赏色彩和气味的。眼和鼻还是嘴巴的近邻，也是一个媒介。佳肴到了眼中鼻中，色味有不同的区别，“或净若秋云，或艳如琥珀，其芬芳之气亦扑鼻而来，不必齿决之、舌尝之而后知其妙也”。菜肴的品味如何，有时用眼一看、用鼻一嗅就知道了，可见色彩和气味是必须讲究的。袁枚反对用香料提味，以为“求香不可用香料，一涉粉饰，便伤至味”。过分使用香料，会伤了食物本来所具有的美味。

（9）迟速须知。一般人家因事请客，三日之前发出邀请，有比较充裕的时间准备好各种菜肴。不过有时会有不速客突然到来，主人手忙脚乱，难以准备一顿像样的饭菜。要避免这种局面，平日里应当有所准备，可以预备一种“急就章之菜，如炒鸡片、炒肉丝、炒虾米、豆腐及糟鱼、茶腿之类，反能因速而见巧者”。

（10）变换须知。各种食物都有独特的味道，不能搞一锅煮，“一物有一物之味，不可混而同之……今见俗厨，动以鸡、鸭、猪、鹅一汤同滚，遂令千手雷同，味同嚼蜡”。厨师只要勤谨一点，这个问题很好解决，“善治菜者，须多设锅灶盂钵之类，使一物各献一性，一碗各成一味”。这样，食者的舌头对各种美味应接不暇，心里自然会感到十分满足。

（11）器具须知。袁枚引古语说：“美食不如美器”，他认为这话很有道理。但也不是一味讲求食器的高贵，要雅而合宜，“宜碗者碗，宜盘者盘，宜大者大，宜小者小，参错其间，方觉生色。若板于十碗、八盘之说，便嫌笨俗”。菜肴装盘，也有一定的规律，

“大抵物贵者器宜大，物贱者器宜小；煎炒宜盘，汤羹宜碗；煎炒宜铁铜，煨煮宜砂罐”。后面这一句，指的是炊具，炊具的质料也会影响到菜肴的好坏。

（12）上菜须知。上菜的顺序，也是含糊不得的，菜有咸淡酸辣，“咸者宜先，淡者宜后，浓者宜先，薄者宜后；无汤者宜先，有汤者宜后”。上菜的顺序有时要依客人进食的情况决定，“度客食饱，则脾困矣，须用辛酸以振动之；虑客酒多，则胃疲矣，须用酸甘以提醒之”。

（13）时节须知。饮食有很强的季节性，食料的选用、佐料的配置，都要注意时令特点。“夏日长而热，宰杀太早，则肉败矣；冬日短而寒，烹饪稍迟，则物生矣。冬宜食牛羊，移之于夏，非其时也；夏宜食干腊，移之于冬，非其时也。辅佐之物，夏宜用芥末，冬宜用胡椒。”食料会因季节的变换而改变价值，平常之物也会变成宝物，“当三伏天而得冬腌菜，贱物也，而竟成至宝矣；当秋凉时而得行鞭笋，亦贱物也，而视若珍馐矣。有先时而见好者，三月食鲥鱼是也；有后时而见好者，四月食芋艿是也。”当然有些食物过时以后，就没法再吃了，如“萝卜过时则心空，山笋过时则味苦，刀鲚过时则骨硬”，类似过时的东西，精华已竭，吃起来完全是另一码事了，非但不美，反觉难受。

（14）多寡须知。选料与烹调，用料的多少也有文章。“用贵物宜多，用贱物宜少。”从烹调角度而论，取煎炒之法时，用料要少；取烹煮之法时，用料宜多。

“煎炒之物，多则火力不透，肉亦不松，故用肉不得过半斤，用鸡鱼不得过六两。”不够吃怎么办，宁可吃完再炒。“以多为贵者，白煮肉非二十斤以外，则淡而无味。粥亦然，非斗米则汁浆不厚。且须扣水，水多物少，则味亦薄矣。”

（15）洁净须知。原料要净治，厨具也要清洁，厨人要卫生。“切葱之刀，不可以切笋；捣椒之臼，不可以捣粉。闻菜有抹布气者，由其布不洁也；闻菜有砧板气者，由其板之不净也。”作为一个好的厨师，在卫生方面，袁枚认为要做到“四多”，“良厨先多磨刀、多换布、多刮板、多洗手，然后治菜。至于口吸之烟灰，头上之汗汁，灶上之蝇蚁，锅上之烟煤，一玷菜中，虽绝好烹疤，如西子蒙不洁，人皆掩鼻而过之矣。”再好的菜，不干不净．就等于在西施脸上抹灰，会大大影响菜的质量。

（16）用纤须知。纤即指芡粉，做菜用芡，如同拉船用纤。“因治肉者，要作团而不能合，要作羹而不能腻，故用粉以纤合之；煎炒之时，虑肉贴锅必至焦老，故用粉以护持之。”用芡要恰当，分寸要掌握好，“否则乱用可笑，但觉一片糊涂”。满锅是芡，当然是一片糊涂了。

（17）选用须知。物料的选择，在品种、部位上有更深的学问。“小炒肉用后臀，做肉圆用前夹心，煨肉用硬短肋；炒鱼片用青鱼季鱼，做鱼松用鲜鱼、鲤鱼、蒸鸡用雌鸡，煨鸡用煽鸡，取鸡汁用老鸡。鸡用雌才嫩，鸭用雄才肥。莼菜用头，芹韭用根，皆一定之理。”物料选用不妥，菜肴的质量也会受到明显的影响。

（18）疑似须知。在菜肴的味型上，要处理好几种矛盾。如浓厚与油腻、清鲜与淡薄之间，分寸不易把握好。“味要浓厚，不可油腻；味要清鲜，不可淡薄”，弄不好就是差之毫厘，失以千里。“浓厚者，取精多而糟粕去之谓也，若徒贪肥腻，不如专食猪油矣；清鲜者，真味出而俗尘无之谓也，若徒贪淡薄，则不如饮水矣。”

（19）补救须知。名厨烹调，轻车熟道，不会出什么岔子。所以也用不着补救之法。不过对于经验不足的厨师来说，还是谨慎为妙。“调味者宁淡毋咸，淡可加盐以救之，咸则不能使之再淡矣；烹鱼者宁嫩毋老，嫩可加火候以补之，老则不能强之再嫩矣。”下佐料，看火候，都要用心，经验多了，也就不会出问题了。

（20）本分须知。各种菜肴，有流派的不同，“满洲菜多烧煮，汉人菜多羹汤，童而习之，故擅长也。汉人请满人，满人请汉人，各用所长之菜，转觉入口新鲜，不失邯郸故步。今人忘其本分，而要格外讨好，汉请满人用满菜，满请汉人用汉菜，反致依样葫芦，有名无实，画虎不成反类犬矣”。这道理是不错的，就像我们今天招待外宾，大体上还是以中餐为佳，如果用西餐，那效果一定差多了。

五　外来美食

西来美食

汉代把玉门关（甘肃敦煌西）、阳关（敦煌西南）以西的中亚西亚以至欧洲，统称为广义上的西域；而天山以南，昆仑山以北，葱岭以东广大的塔里木盆地，为狭义的西域，这一带存在的国家有36个之多，先后为汉朝所征服。汉武帝刘彻为了联络西迁的大月氏，以与匈奴周旋，募人出使西域。应募的就是日后大名鼎鼎的探险家张骞。公元前138年，不到30岁的张骞自长安出发，没想到途中被匈奴拘禁十年之久。在那里他为一贵族放牧几百头牛羊，并娶一女奴为妻，生育了孩子。后来得便逃脱，到达大月氏，可大月氏却不想与汉朝联盟。张骞不得已走上归途，结果又被匈奴拘禁了一年多，戴着脚镣手铐做苦工。后因匈奴内乱，才脱身回到长安，出发前的一百多人，经过十三年的艰难险阻，这时只剩包括他自己在内的两个人了。

这第一次的失败，并没使汉武帝丧失信心。张骞生还，带回来西域各国有关风俗物产的许多信息。于是五年之后，汉武帝又命张骞带领三百人的大探险队，每人备马两匹，带牛羊一万头，金帛货物价值一亿，出使乌孙国，同时与大宛、康居、月氏、大夏等国建立了交通关系。后来，又连年派遣使官到安息（波斯）、身毒（印度）诸国，甚至还派像李广利这样的战将进行武力征伐。文交武攻，不仅将伟大的汉文化输送到遥远的西方，而且从西方也传入了包括佛教在内的宗教、文化、艺术，对中国这个东方古国的精神文化生活产生了深远的影响。由于从西域传入的物产大都与饮食有关，这种交流对人们的物质文化生活也同样产生了深远的影响。虽然在张骞之前，丝绸商队可能早已往来于西域和长安之间，然而那还不算是正式的国际交往。张骞出使西域，在中西文化交流史上具有划时代的意义。

从西域传来大量物产，使得汉武帝兴奋不已。他命令在都城长安以西的皇家园囿上林苑，修建一座别致的离宫。离宫门前耸立按安息狮子模样雕成的石狮，宫内画有开屏的印度孔雀，点燃着西域香料，摆设着安息鸵鸟蛋和千涂国的水晶盘等。离宫不远处，栽种着从大宛引进的紫花苜蓿和葡萄。上林苑中还喂养着西域来的狮子、孔雀、大象、骆驼、汗血马等珍禽异兽，完全是一派异国风光。

在汉代从西域传来的物产还有鹊纹芝麻、胡麻、无花果、甜瓜、西瓜、安石榴、绿豆、黄瓜、大葱、胡萝卜、胡蒜、番红花、胡荽、胡桃、酒杯藤，以及玻璃、海西布（呢绒）、宝石、药剂等，它们不仅丰富了高高在上的统治者的生活，也为下层人民带来了实惠，流泽直至今日。所传进的瓜果菜蔬，成了最大众化的副食品。

当然，这些物产也许并不是同时由西域引进的，后人慕张骞之名，把其他汉使的功劳也都统统记在他的账上，也是可以理解的。不过应该提到的是，有些物种在汉代前的中国即已存在，汉代引进的或许只是新的良种而已。如鹊纹芝麻来自大宛，胡麻亦出大宛，为区别于中国大麻，名为胡麻。事实上，芝麻种子在中国东部的新石器时代良渚文化遗址不止一次地发现过，表明我们本来就有芝麻的原生种。现在的云南地区还有野生芝麻生长，当地居民还采以食用。葡萄、西瓜、甜瓜也可能在中国都有原产，甜瓜和西瓜种子在良渚文化遗址都曾有出土，它们的栽培史早在汉代以前数千年就开始了。汉代时从西域所引进的只是更优化的品种，所以引起了当时人的重视。

其他几种用于调味的香菜香料，可以确定是由西域传来，充实了人们的口味。苜蓿或称光风草、连枝草，可供食用，多用为牲畜的优质饲料。胡荽又称芫荽，别名香菜，有异香，调羹最美。胡蒜即大蒜，较之原有小蒜辛味更为浓烈，也是调味佳品。还有从印度传进的胡椒，也都是我们熟知的调味品。

汉代时人们对异国异地的物产有特别的嗜好，极求远方珍食，并不只限于西域，四海九州，无所不求。据《三辅黄图》所记，汉武帝在元鼎六年（公元前111）破南越之后，在长安建起一座扶荔宫，用来栽植从南方所得的奇草异木，其中包括山姜十本，甘蔗十二本，龙眼、荔枝、槟榔、橄榄、千岁子、柑橘各百余本。由于北方气候与南方差异太大，这些植物生长得都不太好，本来有些常绿的果木，到了冬季也枯萎了，很难结出硕果来。要想吃到南方的新鲜果品，还得靠地方的岁贡，靠驿传的递送，邮传者疲毙于道，极为生民之患。

汉初的园圃种植业本来已积累了相当的技术，在引进培育外来作物品种的过程中，又有了进一步发展。尤其是温室种植技术的发明，创造了理想的人工物候环境，生产出许多不受季节气候条件限制的蔬果。还是在秦始皇时，曾在“骊山陵谷中温处”搞过“冬种瓜”的试验，成功地利用地热资源，收获到成熟的瓜果。到了西汉时，皇室太官经营的园圃“种冬生葱韭菜茹，覆以屋庑，昼夜燃蕴火，待温气乃生”，这已是十分标准的温室栽培了，不仅借用日光，还借助火温。在皇室以外的富贵之家，也设有这样的温室，他们也能吃上“冬葵温韭”。皇族中对于这温室栽培的看法极不一致，认为吃了这不合时令的蔬菜，对人身体不利，因此对太官经营的温室常横加干涉。两汉都下过停断温室的诏书，理由主要就是“非其时不食”。但是在民间，北方的温室可能自发明后一直都没有中断经营，这种温室栽培技术较之欧洲人的发明足足早出有一千多年。

 胡食风气

中国古代有时不仅把地道的外国人称为胡人，有

时将西北邻近的少数民族也称为胡人，或曰狄人，又以“戎狄”作为泛称。于是胡人的饮食便称为胡食，他们的用器都冠以“胡”字，以与汉器相区别。

东汉末年，由于桓、灵二帝的荒淫不政，宦官外戚专权，祸乱不断。灵帝刘宏不顾经济凋敝、仓廪空虚的事实，一味享乐，而且对胡食狄器有特别的嗜好，算得上是一个地道的胡食天子。

史籍记载说，灵帝好微行，不喜欢前呼后拥。他喜爱胡服、胡帐、胡床、胡坐、胡饭、胡箜篌、胡笛、胡舞，京师贵戚也都学着他的样子，一时蔚为风气。灵帝还喜欢亲自驾驭四匹白驴拉的车，到皇家苑囿西园兜风，以为一大快事。在西园还开设了一些饮食店，让后宫采女充当店老板，灵帝则穿上商人服装，扮作远道来的客商，到了店中，“采女下酒食，因共饮食，以为戏乐”。灵帝也算得一位风流天子。

灵帝和京师贵喜爱的胡食，主要有胡饼、胡饭等，烹饪方法比较完整地保留在《齐民要术》等书中，关于这书下面还有细说，这里主要谈谈与胡食有关的一些记载。

胡饼，按刘熙《释名》的解释，指的是一种形状很大的饼，或者指面上敷有胡麻的饼，在炉中烤成。唐代白居易有一首写胡饼的诗，其中有两句为“胡麻饼样学京都，面脆油香新出炉”，似乎又是指的油煎饼，不论怎么说，其制法应是汉代原来所没有的，属于北方游牧民族或西域人的发明。

胡饭也是一种饼食，并非米饭之类。将酸瓜菹长切成条，再与烤肥肉一起卷在饼中，卷紧后切成二寸长的一节节，吃时以醋芹。胡饼和胡饭之所以受到欢迎，主要是味道超过了传统的蒸饼。尤其是未经发酵的蒸饼，没法与胡饼和胡饭媲美。

胡食中的肉食，首推“羌煮貊炙”，是一套具有独特的烹饪方法。羌和貊代指古代西北的少数民族，煮和炙指的是具体的烹调技法。羌煮就是煮鹿头肉，选上好的鹿头煮熟、洗净，将皮肉切成两指大小的块。然后将斫碎的猪肉熬成浓汤，加一把葱白和一些姜、橘皮、花椒、醋、盐、豆豉等调好味，将鹿头肉蘸这肉汤吃。貊炙为烤全羊和烤全猪之类，吃时各人用刀切割，原本是游牧民族惯常的吃法。以烤全猪为例，取尚在吃乳的小肥猪，煺毛洗涤干净，在腹下开小口取出五脏，用茅塞满腹腔，并用柞木棍穿好，用慢火隔远些烤。一面烤一面转动小猪，面面俱烤到。烤时要反复涂上滤过的清酒，不停地抹上鲜猪油或洁净麻油，这样烤好的小猪颜色像琥珀，又像真金，吃到口里，立刻融化，如冰雪一般，汁多肉润，与用其他方法烹制的肉风味特异。

在胡食的肉食中，还有一种“胡炮肉”，烹法也极别致。用一岁的嫩肥羊，宰杀后立即切成薄片，将羊板油也切细，加上豆豉、盐、碎葱白、生姜、花椒、荜拨、胡椒调味。将羊肚洗净翻过，把切好的肉、油灌进羊肚缝好。在地上掘一个坑，用火烧热后除掉灰与火，将羊肚放入热坑内，再盖上炭火。在上面继续燃火，只需一顿饭工夫就熟了，香美异常。

羌煮貊炙、胡炮肉，所采用的烹法实际是古代少数民族在缺少应有的炊器时不得已所为，从中可以看到史前原始烹饪术的影子。这种从蒙昧时代遗留下来的文化传统，反而为高度发达的文明社会所欣羡、所追求，也真是文化史上的一种怪事。现实生活中常常可以见到将古老传统当作时髦追求的例证，似乎它们也不是单单为了发思古之幽情。这类古为今用的文化回炉现象，一般也不会产生文化的倒退。拿胡炮肉来说，尽管烹饪方法极其原始，但却采用了比较先进的调味手段，这样的美味炮肉，蒙昧时代的人绝不会吃得到。

天子所喜爱的胡食，也是许多显贵们所梦想的。这域外的胡食，不仅指用胡人特有的烹饪方法所制成的美味，有时也指采用原产异域的原料所制成的馔品。尤其是那些具有特别风味的调味品，如胡蒜、胡芹、荜拔、胡麻、胡椒、胡荽等，它们的引进为烹制地道的胡食创造了条件。如还有一种“胡羹”，为羊肉煮的汁，因以葱头、胡荽、安石榴汁调味，故有其名。当然西域调味品的引进也给中原人民的饮食生活带来了新的生机，直接促进了汉代及以后烹调术的发展。

用胡人烹调术制成的胡食受到人们的欢迎，而有些直接从域外传进的美味更是如此，葡萄酒便是其中的一种。葡萄酒有许多优点，如存放期很长，可长达十年而不败。《搜神记》便有“西域有葡萄酒，积年不败，彼俗云：可十年。饮之醉，弥月乃解”的记录，而汉代的粮食酒却因浓度低而极易酸败。葡萄酒香美醇浓，也是当时的粮食酒所比不上的，魏文帝曹丕在《与朝臣诏》中曾说葡萄酒让人一闻就会流口水，要是饮一口更是美得不行。汉时帝王及显贵们对葡萄美酒推崇备至，求之不得。可虽有葡萄，却不明酿造方法，直到晚及唐代破高昌，才得其酿法，国中才有了自己酿的葡萄酒。前此帝王所饮，全为西域朝贡和商人从西域运来。汉灵帝时的宦官张让，官至中常侍，封列侯，备受宠信，他对葡萄酒也有特别的嗜好。据传当时有个叫孟他的人，因送了一斛葡萄酒给张让，张让立即委任他为凉州刺史。这里既可窥见汉末的荒政，也可估出葡萄酒的珍贵。

胡食天子汉灵帝政治上极为昏庸，史学家们经常批评他，对他喜爱胡食也进行过指责。《续汉书》的作者便说："灵帝好胡饼，京师皆食胡饼，后董卓拥胡兵破京师之应。"将灵帝的喜爱胡食，说成是汉室灭亡的先兆。董卓之乱，自然绝不是灵帝爱吃胡饼的结果。尽管历史上有许多直接由饮食亡国灭族的例子，对汉代的灭亡却不能作如是观。很明显，汉亡的根本原因在内乱而不在外患。

中国既有勇敢地吸收外来文化的传统，也有抵制外来文化的传统。不仅汉灵帝胡食引起过非议，西晋时掀起的又一次胡食热潮，也引出了同样的责难。晋人干宝的《搜神记》说："胡床、貊盘，翟（同狄）之器也；羌煮、貊炙，翟之食也。自泰始（公元265～275年）以来，中国尚之。贵人富室，必畜其器；吉享嘉宾，皆以为先。戎翟侵中国之前兆也。”意思是指西晋富贵人家推崇胡器胡食，把它们摆在饮食生活的第一位，如此本末倒置，所以引来了外族的侵略。这如同我们今天要指责吃西餐、穿西服会引来洋人入侵一样，这样的论点根本就站不住脚。

胡食不仅刺激了天子和权贵们的胃口，而且事实上造成了饮食文化的空前交流。这个交流充分体现了汉文明形成发展过程中的多源流特征。

3 胡姬美酒

唐朝国威强盛，经济繁荣。在这个基础上，承袭六朝并突破六朝的唐文化，博大清新、辉煌灿烂。唐文化吸引着四方诸国人民，唐代因此而成为中外文化交流的极盛时代。

唐代的对外文化交流，遍及于广州、扬州、洛阳等主要都会，而以国都长安最为繁盛。唐代长安是当时世界上最宏伟的都城，全城周回35公里有余，是当时最大的开放城市，是东西方文化交流的集中点。来往这里的有四面八方的各国使臣，甚至包括远在欧洲的东罗马外交官。他们带来了使命，也带了自己本国的文化，甚至还朝献本地方物特产。唐太宗时，中亚的康国献来金桃银桃，植育在皇家苑囿；东亚的泥婆罗国遣使带来菠绫菜、浑提葱，后来也都广为种植。在长安有流寓的外国王侯与贵族近万家，还有在唐王朝供职的诸多外国官员，他们世代留住长安，有的建有赫赫战功，甚至娶皇室公主为妻，位列公侯。各国还派有许多留学生到长安来，专门研习中国文化，国子监就有留学生八千多人。长安作为全国的宗教中心，吸引了许多外国的学问僧和求法僧来传经取宝。此外，长安城内还会集有大批外国乐舞人和画师，他们把各国的艺术带到了中国。更要提到的是，长安城中还留居着大批西域各国的商人，以大食和波斯商人最多，有时达数千之众。

一时间，长安及洛阳等地，人们的衣食住行都崇尚西域风气，正如诗人元稹《法曲》所云："自从胡骑起烟尘，毛毳腥膻满咸洛。女为胡妇学胡妆，使进胡音务胡乐。"饮食风味、服饰、音乐，都以外国的为美，"崇外"成为一股不小的潮流。外国文化使者们带来的各国饮食文化，如一股股清流汇进了中国，使我们悠久的文明泛起了前所未有的波澜。

长安城东西两部各有周回约4000米的大商市，即东市和西市，各国商人多聚于西市。考古学家们对长安东西两市遗址进行过勘察，并多次发掘过西市遗址。西市周边筑有围墙，内设沿墙街和井字街道与小巷，街道两侧有排水明沟和暗涵。在西市南大街，还发掘到珠宝行和饮食店遗址。

西市饮食店中，有不少是外商开的酒店，唐人称它们为"酒家胡"。唐代文学家王绩待诏门下省时，每日饮酒一斗，时称"斗酒学士"，他所作诗中有一首《过酒家》云："有客须教饮，无钱可别沽。来时长道贳，惭愧酒家胡"，写的便是闲饮胡人酒家的事。酒家胡竟还可赊欠酒账，这为酒客们提供了极大的方便，也说明各店可能都有一批熟识的老顾客。

酒家胡中的侍者，多为外商从国外携来，女子称为胡姬。这样的异国女招待，打扮得花枝招展，备受文人雅士们的青睐。请读读唐人的这几首诗：

为底胡姬酒，长来白鼻騧。
摘莲抛水上，郎意在浮花。
——张祜《白鼻騧》

琴奏龙门之绿桐，玉壶美酒清若空。
催弦拂柱与君饮，看朱成碧颜始红。
胡姬貌如花，当垆笑春风。
笑春风，舞罗衣，君今不醉将安归？
——李白《前有樽酒行》

胡姬不仅侍饮，且以歌舞侑酒，难怪文人们流连忘返，是异国文化深深地吸引着他们。李白也是酒家胡的常客，他还有好几首诗都写到进饮酒家胡的事，如：

银鞍白鼻騧，绿地障泥锦。
细雨春风花落时，挥鞭直就胡姬饮。
——《白鼻騧》

书秃千兔毫，诗裁两牛腰。

笔纵起龙虎，舞曲拂云霄。

双歌二胡姬，更奏远清朝。

举酒挑朔雪，从君不相饶。

——《醉后赠朱历阳》

何处可为别，长安青绮门。

胡姬招素手，延客醉金樽。

……

——《送裴十八图南归嵩山》

五陵年少金市东，银鞍白马度春风。

落花踏尽游何处，笑入胡姬酒肆中。

——《少年行》

游春之后，要到酒家胡喝一盅。朋友送别，也要到酒家胡饯行。杨巨源有一首《胡姬词》，专门描述了酒店中的胡姬：

妍艳照江头，春风好客留。

当垆知妾惯，送酒为郎羞。

香度传蕉扇，妆成上竹楼。

数钱怜皓腕，非是不能愁。

酒家胡经营的品种，当主要为胡酒胡食，也经营仿唐菜。贺朝《赠酒店胡姬》诗云："胡姬春酒店，管弦夜铿锵。……玉盘初脍鲤，金鼎正烹羊。”鲤鱼脍，当是正统的中国菜。

唐代的胡酒有高昌葡萄酒、波斯三勒浆和龙膏酒等。据史籍记载，唐太宗时破高昌国，收马乳葡萄种子植于苑中，同时还得到葡萄酒酿造方法。唐太宗亲自过问试酿葡萄酒，当时酿造成功八种成色的葡萄酒，“芳辛酷烈，味兼缇盎”，滋味不亚于粮食酒。唐太宗将在京师酿的葡萄美酒颁赐给群臣，京师一般民众不久也都尝到了醇美甘味。汉魏以来的帝王们虽然早已享用过葡萄酒，但那都是西域献来的贡品，到唐代内地才开始酿造。有人推测内地也许在汉代就已掌握了葡萄酒的酿造技术，但没有提出更充足的证据。

与胡酒同从西域传来的胡食，也极为唐人所推崇。开元（公元 713 ~741 年）以后，富贵人家的肴馔，几乎尽为胡食。那时流行的胡食主要有餢飳、饆饠、烧饼、胡饼、搭纳之类。餢飳为油煎饼，唐代以前制法已传入中国，《齐民要术》载有其制法。烧饼与胡饼大概区别不大，可能都可纳葱肉为馅，与今之馅饼相似，唐代皇帝还拿胡饼赐予外宾，视为上等美味。日本僧人圆仁在《入唐求法巡礼行记》中载：“立春，命赐胡饼寺粥。时行胡饼，俗家皆然。”饆饠究竟为何物，曾使古今食人穷思不得其解。《资暇录》说：“毕罗者，蕃中毕氏、罗氏好食此味。”似是说饆饠得名于姓氏。《青箱杂记》则说饆饠是饼的别名。饆饠实是至今还流行于中亚、印度、中国新疆等地伊斯兰教民族的一种抓饭。抓饭在印度名为 pilau、pilow、pilàf，“饆饠”显然是它的译音。段成式在《酉阳杂俎》中记唐长安有两处饆饠店，一在东市，一在长兴市。饆饠卖时以斤计，其中主要佐料有蒜。又据《卢氏杂说》云："翰林学士每遇赐食，有物名毕罗，形粗大，滋味香美，呼为'诸王修事'。"显然是另有所指，非指抓饭。

4 西洋品味

对汉族一般居民而言，如果说像清真菜的传播对他们饮食生活还没有产生太大影响，那么从外部传入的一些新的物种，则使明代时的食俗乃至食性都发生了很大变化。这使人们想起明代七下西洋的三保太监郑和来，他的功劳与汉时的张骞是可以相提并论的。

郑和本云南昆阳回族人氏，他的祖父和父亲都曾到过伊斯兰教圣地麦加，这对他后来的出洋产生了很大影响。明代初年郑和入宫做太监，于永乐三年（1405 年）率舰队通使外洋。在以后的 28 年间，他一共航海七次，途经 36 国，最远到达非洲东岸和红海海口。他的航海不仅大大扩展了明王朝的外交领域，而且将远国的风俗物产带回到中国。舰队每到一地，都以瓷器、丝绸、铜铁器和金银换取当地特产。

值得提到是，明代引进的原产美洲的几种物产确实给古今中国人带来了实惠，这就是玉米、甘薯、花生和辣椒。玉米、甘薯、马铃薯和花生，都属粮食作物，特别是玉米和甘薯，它们至今在中国许多地区还是人口的主粮，尤其是在北方干旱地区。辣椒的引进，对中国烹饪的影响也非常大。中国古代的五味体系中有辛（姜、蒜）而无辣，有了辣椒后，原有的“甘酸苦辛咸”就变成了“甜酸苦辣咸”。辣椒与其他调料配合，又产生出许多新的复合味，大大丰富了中国烹调的味型。如与花椒配成麻辣味，与醋配成酸辣味，与酱配成酱辣味，还可以配成鱼香味等。

六　享受自然

1 上巳春光

城里的年轻人有一种春游的传统，择一个风和日丽的日子，到大自然里感受春的气息。古时也有类似传统，游春多在三月三日这一天，谓之“上巳”。严有翼《艺苑雌黄》即说：“三月三日谓之上巳，古人以此日禊饮于水滨。”可见古人春游多在水滨。所谓“禊饮”，禊是一种以水洁身的仪式，禊罢而饮，是为禊饮。《唐文粹》所载《鲁山令李胄三月三日僚谯史序》云：“以酒食出于野，曰禊饮，”这是一个比较确切的解释。今人的春游，一定同古人的上巳禊饮有渊源关系。

古人禊饮，以曲水流杯为趣。《荆楚岁时记》说：“三月三日，士民并出江渚池沼间，为流杯曲水之饮。”曲水流杯的由来，汉晋人大多不甚清楚，按晋人束皙的说法，当起于周秦。他说：“昔周公卜成洛邑，因流水以泛酒，故逸诗云：羽觞随波流。又秦昭王三月上巳置酒河曲，有金人自车而出，奉水心剑曰：令君有西夏。及秦霸诸侯，乃因其处立为曲水。二汉相沿，皆为盛集。”曲水流杯之雅，本书还将述及，这里主要提到的是古代上巳的有关食物。上巳固定食物不算多，可以列举出的有黍曲菜羹、龙舌饼、乌米饭等。

黍曲菜羹，见《荆楚岁时记》：三月三日，“取黍曲菜汁合蜜为食，以厌时气。云用黍曲和菜作羹”。

龙舌饼，亦见《荆楚岁时记》：三月三日“或为龙舌饼”。

乌米饭，在清代福建罗源和建宁等地流行，取南烛木茎叶或枧木叶捣汁，上巳日染饭成绀青色，称“青饭”或“乌饭”，云食之可延年益寿。

严格说来，上巳日的这类食物，可入药膳之列，非为果腹，实为防病健身。

古人在上巳日不仅食用这些健身食品，还要在水滨大摆筵宴，举办盛大的野餐活动。有东汉杜笃《祓禊赋》为证：“王侯公主，暨乎富商，用事伊雒，帷幔玄黄。于是旨酒佳肴，方丈盈前，浮枣绛水，酹酒醲川。”又有晋人张华《上巳》诗说：“伶人理新乐，膳夫然时珍。八音硼磕奏，肴俎纵横陈。”描述的都是上巳日的野餐活动。还有《妆楼记》说：“长安有妓乐者，以三月三日结钱为龙，作‘钱龙宴’。”隋唐时代长安此日的盛况，由此可见一斑了。再读读杜甫的《丽人行》，“三月三日天气新，长安水边多丽人。……紫驼之峰出翠釜，水晶之盘行素鳞；犀箸厌饫久未下，鸾刀缕切空纷纶；黄门飞鞚不动尘，御厨络绎送八珍。”可知唐时贵族上巳野宴节食之丰盛。

迎得春来，春光令人陶醉。阳春去矣，又让人流连不已。于是又有一些“送春”和“留春”的主意，自然还是借助饮食活动来表达这种心境。如清代湖广宝庆地区，在三月的最后一天，人们要饮酒，谓之送春；福建仙游地区，三月晦夜人们聚钱畅饮，击鼓狂歌，谓之留春。

 选胜游宴

大约自隋唐时代开始，皇室、官僚、富豪、士大夫们的宴饮活动越来越频繁，规模也越来越大。巧立的宴会名目，翻新的饮食花样，在这个时代难以尽数，有钱人想方设法造出机会来大吃大喝，肆意挥霍。这样的筵宴既有摆阔绰的，也有追求雅兴的，免不了也有落入俗套的。

隋代那个杀父而登上皇帝宝座的炀帝杨广，凭借他老子积累起来的巨大民力与财富，随心所欲地安排着自己奢侈的生活。被史家们称为历史上“著名的浪子，标准的暴君”的杨广，常常在游玩中打发日子，他由大运河乘船出游江都（扬州），庞大的船队首尾相衔，逶迤二百余里。挽船的壮丁多达八万人，两岸还有骑兵夹岸护送。杨广下令船队所过州县，五百里内居民都得来给贵人献食，要知道这个船队载人一二十万，该需要多少饭食才够！有的州县一次献食多到一百余台，妃嫔侍从们吃不完，开船时把食物埋入土坑里就走。

杨广在宫中花天酒地，饮馔极丰。他所食用的馔品，一部分名目保存在谢讽所撰《食经》中。谢讽是杨广的尚食直长，他的《食经》虽早已不存，但从《清异录》上还可找到这书的一些内容。《食经》所提到的一些馔品，有急成小餤、飞鸾脍、咄嗟脍、剔缕鸡、龙须炙、君子饤、紫龙糕、专门脍、折箸羹、天孙脍、乾坤夹饼、月华饭等。这些自然都是美味，不过现在人们没法完全弄清它们的配料及烹法，有些馔品甚至令人不知所云究竟为何物。

唐人在举行比较重大的筵宴时，都十分注重节令和环境气氛。有时本来是一些传统的节令活动，往往加进一些新的内容，显得更加清新活泼，盛唐时的“曲江宴”，就是一个极好的例子。

中国采用科举考试的办法选拔官吏，是从隋代开始的，唐代进一步完善了这个制度。每年进士科发榜，正值樱桃初熟，庆贺及第新进士的宴席便有了“樱桃宴”的美雅称号。宴会上除了诸多美味之外，还有一种最有特点的时令风味食品，就是樱桃。由于樱桃并未完全成熟，味道不佳，所以还得渍以糖酪，食时赴宴者一人一小盅，极有趣味。

这种樱桃宴并不只限于庆贺新科进士，在都城长安的官府乃至民间，在这气候宜人的暮春时节，也都纷纷设宴，馔品中除了糖酪樱桃外，还有刚刚上市的新竹笋，所以这筵宴又称作“樱笋厨”。这筵宴一般在三月三日前后举行，是自古以来上巳节的进一步发展。

皇帝为新进士们举行的樱桃宴，地点一般是在长安东南的曲江池畔。曲江池最早为汉武帝时凿成，唐时又有扩大，周回广达十公里余。这是一座全都城中风光最美的开放式园林，池周遍植以柳木等树木花卉，池面上泛着美丽的彩舟。池西为慈恩寺和杏园，杏园为皇帝经常宴赏群臣的所在；池南建有紫云楼和彩霞亭，都是皇帝和贵妃登临的处所。在三月上巳这一日，皇帝为显示升平盛世，君臣同乐，官民同乐，不仅允许皇亲国戚、大小官员随带妻妾和侍女以及歌伎参加曲江盛大的游宴会，还特许京城中的僧人道士及平民百姓共享美好时光。曲江处处皆筵宴，皇帝贵妃在紫云楼摆宴，高级官员的筵席摆在近旁的亭台，翰林学士们特允在彩舟上畅饮，一般士庶只能在花间草丛得到一席之地。

考古发现的唐代长安韦氏家族墓壁画中的《野宴图》，描绘的大概是曲江宴的一幕场景，图中画着九个男子，围坐在一张大方案旁边，案上摆满了肴馔和餐具。人们一边畅饮，一边谈笑，好不快活。唐代大诗人杜甫的《丽人行》云:“三月三日天气新，长安水边多丽人。……紫驼之峰出翠釜，水晶之盘行素鳞。犀筋厌饫久未下，鸾刀缕切空纷纶。黄门飞鞚不动尘，御厨络绎送八珍。”这描写的是权臣杨国忠与虢国夫人等享用紫驼素鳞华贵菜肴，游宴曲江的情形，翠釜烹之，水晶盘盛之，犀角箸夹之，鸾刀切之，该是多么快意!

许多食风的形成以及相应食品的发明，与季节冷暖有极大的关系，如《清异录》所载的“清风饭”即是。唐敬宗李湛宝历元年（公元825年），宫中御厨开始造清风饭，只在大暑天才造，供皇帝和后妃作冷食。造法是用水晶饭（糯米饭）、龙睛粉、龙脑末（冰片）、牛酪浆调和，放入金提缸，垂下冰池之中，待其冷透才取出食用。

夏有清风饭，冬则有所谓“暖寒会”。据《开元天宝遗事》所载，唐代有个巨豪王元宝，每到冬天大雪纷扬之际，吩咐仆夫把本家坊巷口的雪扫干净，他自己则亲立坊巷前，迎揖宾客到家中，准备烫酒烤肉款待，称为暖寒之会。

把饮食寓于娱乐之中，本是先秦及汉代以来的传统，到了唐代，则又完全没有了前朝那些礼仪规范的束缚，进入了一种更加放达的自由发展境地。包括一些传统的年节在内，又融进了不少新的游乐内容。比如宫中过端午节，将粉团和粽子放在金盘中，用纤小可爱的小弓架箭射这粉团粽子，射中者方可得食。因为粉团滑腻而不易射中，所以没有一点本事也是不大容易一饱口福的。不仅宫中是这样，整个都城也都盛行这种游戏。

在唐代人看来，饮食并不只为口腹之欲，并不单求吃饱吃好为原则，他们因此而在吃法上变换出许多花样来。著名诗人白居易，曾任杭州、苏州刺史，大约在此期间，他举行过一次别开生面的船宴。他的宅院内有一大池塘，水满可泛船。他命人做成一百多个油布袋子，装好酒菜，沉入水中，系在船的周围随船而行。开宴后，吃完一种菜，左右接着又上另一种菜，宾客们被弄得莫名其妙，不知菜酒从何而来。唐代又有一位熊翻，每在大宴宾客时，酒饮到一半，在阶前当场杀死一只羊，让客人自己执刀割下最爱吃的一块肉，各用彩绵系为记号，再放到甑中去蒸。蒸熟后各人认取，用刚竹刀切食。这种吃法称为“过厅羊”，盛行一时。这类饮食很难说只是为了滋味，它给人的愉悦要多于滋味，这就是环境气氛的作用。这时的烹饪水平也为适应人们的各种情趣提高了许多，大型冷拼盘的出现就是证明。《清异录》载：唐代有个庖术精巧的梵正，是个比丘尼，她以鲊、鲈脍、肉脯、盐酱瓜蔬为原料，“黄赤杂色，斗成景物，若坐及二十人，则人装一景，合成‘辋川图’小样”。这空前绝后的特大型花色拼盘，美得让人只顾观赏，不忍食用。辋川为地名，在西安东南的蓝田县境，因谷水汇合如车辋之形，故有此名。辋川本是唐代著名诗人宋之问和著名山水诗人兼画家王维的别墅所在地，那里有白石滩、竹里馆、鹿柴等二十处游览景区。梵正按王维所作《辋川图》一画中二十景做成的风景拼盘，是唐代烹饪史上少有的创举。

3 节令小食

平日饮食，多是为了口腹之需，而岁时所用，则又多了一层精神享受。历史上逐渐丰富起来的风味食品，往往都与岁时节令紧密相关。饮食与节令之间，本来就有一条紧密联系的纽带。各种食物的收获都有很强的季节性，收获季节一般就是最佳的享用季节，这就是现在所谓的时令食品。古代受阴阳五行学说的影响，人们把食物的组配和季节的更替作了一些貌似合理的规定，如《礼记·月令》所说的，孟春之月，天子食麦与羊；孟夏之月，天子食菽与鸡；孟秋之月，天子食麻与犬；孟冬之月，天子食黍与彘。这些食物尽管与季节可以拉上一定的联系，却不能算是真正的节令食品。

各种各样的岁时佳肴，几乎都有自己特定的来源，与一定的历史与文化事件相联系。到了今天，有一些岁时佳肴早已被淡忘，然而更多的却一代一代传了下来，风靡中华大地，甚至飘香到异国他域。

南朝梁人宗懔所撰《荆楚岁时记》，较为完备地叙述了南方地区的节令饮食，汉代至南北朝时期的节令饮食风俗几可一览无余。

自古即重年节，最重为春节。春节古称元旦，又称元日，所谓“三元之日”，即岁之元、时之元、月之元。西汉时确定正月为岁首，正月初一为新年，相沿至今。新年前一日是大年三十，即除夕，这旧年的最后一天，人们要守岁通宵，成了与新年相关的一个十分重要的日子。《荆楚岁时记》说，在除夕之后，家家户户备办美味肴馔，全家在一起开怀畅饮，迎接新年的到来。还要留出一些守岁吃的年饭，待到新年正月十二日，撒到街旁路边，寓送旧纳新之意。大年初一，鸡鸣时就得起床，在堂阶前爆响竹筒，用于避鬼。现在的烟花鞭炮，正是由此变化而来。到天亮时，全家老小都要穿戴整齐，依次祭奠祖神，互贺新春。这一日要饮椒柏酒、桃汤水和屠苏酒，下五辛菜，每人还要吃一个鸡蛋。饮酒时的顺序与平日不同，要从年龄小的开始，而平日则是老者长者先饮第一杯。

新年所用的这几种特别饮食，并不是为了品味，主要是为祛病驱邪。古时以椒、柏为仙药，以为吃了令人身轻耐老。魏人成公绥所作《椒华铭》说："肇惟岁首，月正元日。厥味唯珍，蠲除百疾"，讲的也是这个道理。桃木古以为五行之精，能镇压邪气，制服百鬼。桃汤当指用桃木煮的水，用于驱鬼。晋人周处的《风土记》说："元日造五辛盘，正元日五熏炼形。"五辛指韭、薤、蒜、芸苔、胡荽五种辛辣调味品，可以顺通五脏之气。新年吃五辛，可见完全出于保健的愿望。至于吃鸡蛋，据晋人葛洪所说，为的是避瘟疫之气。宗懔在他的书中还说，梁时有一条正月初一不许吃荤的规定，荆楚之地因此不复食鸡蛋。初一不吃鸡蛋，可能与这一日为"鸡日"有关。古代以正月一日为鸡日，二日为狗日，三日为猪日，四日为羊日，五日为牛日，六日为马日，七日为人日，所以习惯上一日不杀鸡，二日不杀狗，三日四日不杀猪羊，五日六日不杀牛马，七日不行刑。一日既然不杀鸡，鸡蛋也就吃不得了。

到了正月七日，即是人日，须以七种菜为羹，照样无荤食。北方人此日要吃饼，而且须是在庭院中煎的饼。

正月十五日，熬好豆粥，滴上脂膏，用以祭祀门户。先用杨枝插在门楣上，随枝条摆动所指方向，用酒肉和插有筷子的豆粥祭祀，这是为了祈福全家。

从正月初一到三十日，青年人时常带着酒食郊游，一起泛舟水上，临水宴饮为乐。男男女女都要象征性地洗洗自己的衣裳，还要洒酒岸边，用来解除灾厄。

立春后的第五个戊日，为春社之日。这一天乡邻们都带着酒肉聚会在一起，在社树下搭起高棚，祭祀土地神。末了，人们共同分享祭神用的酒肉。本来这些酒肉是人们用于祭神的，祭罢还要说成是神赐予人的，吃了它便能福禄永随了。

冬至节过后一百零五日，为寒食节，大约在清明节前一两日。相传寒食节起因于晋文公悼念介子推的被焚。晋文公即位前在外流亡十九年，介子推相随始终，并曾割股肉给文公充饥。文公复国，论功行赏，而忘却了共患难的介子推。于是，介子推背着老母亲，隐居到绵山深谷。文公去绵山寻求，介子推坚持不出。文公令人放火烧山，子推抱木而死。晋人哀怜子推，于是寒食一月，不举火为炊，以悼念这位志士。到了汉代，因老弱不堪一月的寒食，于是改为三日不举火。曹操还曾下过废止寒食的命令，终不能禁断。寒食所食主要为杏仁粥及醴酪。

寒食一过，就是春光明媚的三月三日清明节。这一日人们带上酒具，到江渚池沼间作曲水流杯之饮。在上流放入酒杯，任其顺流而下，浮至人前，即取而饮之。这样做不仅是为了尽兴，古时还以为流杯宴饮可除去不祥。这一日还要吃掺和鼠麴草的蜜饼团，用以预防春季流行病。

五月五日，是南方初夏一个很重要的节日。传说这一日是楚国诗人屈原投江的丧日，重要的食品是粽子。粽子古时按其形状称为“角黍”，用箬叶等包上黏米煮成。或以新竹截筒盛米为粽，并以五彩丝系上楝叶，投进江中，以祭奠屈原。当然这个节日是否与屈原有关，还有些不同的看法，但无关宏旨。到宋朝时，政府出面追封屈原为忠烈公，将五月五日定为端午节，传谕全国纪念屈原。现在流行的芦叶粽子，是明代弘治年间才兴起的，时间不算太久。

六月炎夏，兴食汤饼。汤饼指的是热汤面，意在以热攻毒，取大汗除暑气，亦为祛恶。

九月九日为重阳节，正值秋高气爽，人们争相出外郊游，野炊宴饮。富人或宴于台榭，平民则登高饮酒。这一日的食品和饮料少不了饼饵和菊花酒，传能令人长寿。陶渊明把重阳看作最快乐的一天，所谓“引吟载酒，须尽一生之兴”。他还有诗曰：“菊花知我心，九月九日开；客人知我意，重阳一同来。”饮酒赏菊，确为一大乐趣。

十月一日，要吃黍子羹，北方人则吃麻羹豆饮，为的是“始熟尝新”。尝新即尝鲜，早已成俗，泛指享用应时的农产品。

到了十一月，采摘芜菁、冬葵等杂菜晾干，腌为咸菜酸菜。腌得好的，呈金钗之色，十分好看。南方人还用糯米粉、胡麻汁调入菜中泡制，用石块榨成，这样的咸菜既甜且脆，汁也酸美无比，常常作醒酒的良方。

十二月八日，称为腊日。这个节日除了举行驱鬼的仪式，还要以酒肉祭灶神，送灶王爷上天。祭灶由老妇人主持，以瓶作酒杯，用盆盛馔品。又说佛祖释迦牟尼是这一天成佛的，佛教徒此日要煮粥敬佛，这就是“腊八粥”。后来祭灶活动改在十二月二十四日，与腊日不相干了。

还有一个重要的节日——中秋节，在《荆楚岁时记》里不曾提到，或许这部分内容已残佚不存，不可查考。中秋是一个食月饼庆团圆的突出家庭色彩的节日，据说是从先秦的拜月活动发展而来，魏晋时便已有中秋赏月的习俗，可能还没有成为普遍的风尚。

以上这些古老的节日及其饮食，作为民族传统几乎都流传了下来。尽管不少节日的形成都经历了长久的岁月，很多在南北朝时期之前便已成风尚。但南北朝却是一个集大成的时代，不仅这些节日形成了比较完善的体系，而且本来一些带有强烈地方色彩的节日也被其他地区所接受，南北的界限渐渐消失。

4 尝新与荐新

人们平日的饮食，多半为口腹之需；而岁时的享用，则主要为精神之需。节令饮食活动，是文化活动，也是社会活动。在这样的活动中，人们享受自然的恩赐，喜尝收获的果实，联络彼此的感情，抒发美好的情怀，休养自己的体魄。

饮食与节令之间，本来存在着一种极清楚的联系。各种食物的收获有很强的季节性，收获的季节一般即为享用的季节，这些就是现今所说的时令食品。在一些季节性很强的果蔬和谷类作物成熟时，人们要举行尝新仪式，不少节日都包含有尝新饮食活动，尤其在春夏秋三季更是如此。这是我们这个以农业立国的民族的一个重要文化传统，新的季节，有新的气象，也必有新的食物，有新的希望。

春日尝新，古时重樱桃与春笋，有“樱笋厨”之谓。唐《辇下岁时记》说：“四月十五日，自堂厨至百司厨，通谓之樱笋厨。”又韩偓《樱桃诗》注云：“秦中以三月为樱笋时。”一年之中，樱桃是最早成熟的果实，难怪人们要争先尝鲜了，甚至迫不及待，掐下尚未成熟的涩果，用蜜糖渍来吃。

春日果品成熟的有限，为了尝新，人们要食树上花、枝上芽，尽情享受大自然的恩赐。梅花、榆荚、椿芽、松黄，都是入馔佳品。《山家清供》提到一款“蜜渍梅花”，援引了一首杨诚斋的诗：“瓮澄雪水酿春寒，蜜点梅花带露餐。句里略无烟火气，更教谁上少陵坛”，然后略述了制法。他说：“剥白梅肉少许，浸雪水，以梅花酿酝之，露一宿。取出蜜渍之，可荐酒，较之扫雪烹茶，风味不殊也。”榆荚入馔，见于《人海记》：“三月初旬，榆荚方生，时官厨采供御馔，或和以粉，或和以面。内直词臣，每蒙赐食。”皇上爱吃，臣下也沾光。榆荚也用于糕饼，称为榆钱糕。椿芽更是美味了，可拌可炒，可腌可炸，还可用于点茶。

对于自己辛勤耕作的收获物，人们更是珍爱，尝新的仪式更是少不得的。麦秋之前，稻熟之时，都是农人们的节日。麦子是一年之中最早成熟的五谷，对它的尝新往往是在它还未完全成熟之时，我们不妨在此重提尝麦的举动。《酌中志》说，四月“取新麦煮熟，剥去芒壳，磨成细条食之，名曰捻转，以尝此岁五谷新味之始也”。新麦制的稔转，又写作碾转、连展，用的是尚未完全成熟的麦穗。《乡言解颐》说，河北农村取雅麦之“将熟含浆者，微炒入磨，下条寸许，以肉丝、王瓜、莴苣拌食之”，这要算是一种讲究的杂拌了。

在尝新之先，还要荐新，这是自周代时起立下的规矩，也就是用时令新物祭祀祖宗。帝王的祖庙称为太庙，荐新的仪式，就在太庙举行。各代帝王荐新品物多少有些变化，宋至清几朝，便有不同。

宋代皇宫内的荐新品物，四季采用的多达 50 余种。据《宋史·礼志十一》所记，所荐新物大略如下：

> 每岁春孟月荐蔬，以韭以菘，配以卵。仲月荐冰，季月荐蔬以笋，果以含桃。夏孟月尝麦，配以彘，仲月荐果，以瓜以来禽，季月荐果，以芡以菱。秋孟月尝粟尝穄，配以鸡，果以枣以梨，仲月尝酒尝稻，蔬以茭笋，季月尝豆尝荞麦。冬孟月羞以兔，果以栗，蔬以藷蕷，仲月羞以雁以獐，季月羞以鱼。凡二十八种，所司烹治。自彘以下，令御厨于四时牙盘食烹馔，卜日荐献。

宋时尝鲜荐新品物时有增减，难以缕述。

明代荐新，有季、月、日几种名目。据《明会典》所记，洪武二年（1369 年）“重订时飨，春以清明，夏以端午，秋以中元，冬以冬至，惟岁除如旧”，一年四季，要举行五次比较重大的祭飨荐新活动。

各代有太庙，明代又有奉先殿，都是祭祖的所在。《明史·礼志六》云：“洪武三年，太祖以太庙时享，未足以展孝思，复建奉先殿于宫门内之东。以太庙象外朝，以奉先殿为内朝。……每日朝晡，帝及皇太子诸王二次朝享。皇后率嫔妃日进膳羞。诸节致祭，月朔荐新，其品物视元年所定。”

明代太庙月朔荐新品物，按《明史·礼志五》的记载是：

> 正月，韭、荠、生菜、鸡子、鸭子。二月，水芹、蒌蒿、台菜、子鹅。三月，茶、笋、鲤鱼、鮆鱼。四月，樱桃、梅、杏、鲥鱼、雉。五月，新麦、王瓜、桃、李、来禽、嫩鸡。六月，西瓜、甜瓜、莲子、冬瓜。七月，菱、梨、红枣、葡萄。八月，芡、新米、藕、茭白、姜、鳜鱼。九月，小红豆、栗、柿、橙、蟹、鳊鱼。十月，木瓜、柑、橘、芦菔、兔、雁。十一月，荞麦、甘蔗、天鹅、鹚鸠、鹿。十二月，芥菜、菠菜、白鱼、鲫鱼。

皇室看重祭祖的荐新，平民百姓也不例外，每至年节，照样也会在祖宗牌位前摆上几盏时新品物，不敢懈怠，这一点我们在后文还将提到。

岁时祭祖一般以家庭为单位进行，岁时饮食活动亦是如此。古代传统中的敬老、爱幼、尊长、孝亲的美德，在热烈的饮食活动中得到充分体现。感情得到敦睦，人人都受到熏陶，传统也因此一代代延续下来。最能体现亲情的节日，都是重大的传统节日，如春节、清明、中秋和除夕，亲人的团聚，也都是在这些时候。

节日活动也是一种广泛的社会活动，并不仅仅局限在家庭范围之内，人们还通过各类饮食活动，扩大交往，联络老友新朋的感情。亲戚之间，邻里之间，师长后下之间，友朋之间，人际关系得以调整，相互的馈赠宴请，大都是为了这样的目的。

年节日期的选定，大多与这种希求发达兴旺的心理很有些关系。正月初一、二月初二、三月初三、五月初五、六月初六、七月初七、九月初九，这些特定日期的节日，不仅便于记忆，还包含一种特别的意义。按照传统农历来看，这些节日和其他大多数节日都选在月半之前，当是别有苦心的。我们可以由《岁时广记》引述的《琐碎录》的一段文字，看出一些端倪：

京师贵家用事，多在上旬。门户吉庆，和合兴旺，逐月初五日月生魄，干事随天地之气，请宾客和合，多在月半之前。若月望之后，气候渐弱，全不中用。朝庭拜相，亦用上旬。

日期重要，选用的食物也很重要。不同的节日，有不同品类的风味饮食，这些食物不一定非得是美味佳肴，但却含有一些特定的意义。一是象征性的，被认为可给人带来好处，带来福气；二是实用性的，被作为保健食物享用，可防病治病，健美体魄。重要的节日一般都设在季节变换之时，人体有一个适应过程，弄不好会生出一些流行病来，在这样的时候讲究饮食调治，符合现代医学与营养学原理。从前面 20 多个节日的节物叙述可以看出，几乎每个节日都有用于防病健身的食物，这可以看作是中国饮食文化的一份重要遗产。到了现代，具有健身作用的种种节物已渐为人们淡忘了，这是因为有了先进的医疗手段，再也不用担心吃不上赤豆粥就要大病缠身的可怕结局了。

年节带给人们的，不仅仅是团聚、欢娱和酒足饭饱。在热烈的文化氛围中，个性得到陶冶，传统得到延续，民族文化得到阐扬。人们内心的寄托与希望，在年节中一次次深化，也一次次升华。

七　养性健体

强身健体

饮食活动具有广泛的社会性，又具有明显的个性，它要实实在在地作用于每一个独立的人，作用于他的身体、他的精神，发挥养性健身的作用，调整身体内部的关系和生理与心理的关系，达到颐性与健身的目的。

要强身健体，就要饮食，吸取营养。同样是一个饮食过程，人与人之间却存在各种差别。人们对饮食所取的态度，决定了他们在饭桌上的表演方式。清代有学者对此进行过研究，很有见地。传为朱彝尊所著的《食宪鸿秘》，其上卷“食宪总论”一节，将人的吃分为三个类别，书中说：

> 饮食之人有三：
>
> 一，铺餟之人。食量本弘，不择精粗，惟事满腹。……
>
> 一，滋味之人。尝味务遁，兼审好名。或

肥浓鲜爽，生熟备陈；或海错陆珍，夸非常馔。……此养口腹而忘性命者也。

一，养生之人。饮必好水（宿水滤净），饭必好米（去沙石谷稗，兼戒饐而餲）。蔬菜鱼肉，但取目前常物，务鲜、务洁、务熟、务烹饪合宜。不事珍奇，而自有真味；不穷炙煿，而足益精神。……调节颐养，以和于身。

同时代的顾仲，在他所撰《养小录》的序言中，也有类似的说法。将人对饮食的态度划分为这三个类型，还是比较符合实际的。这种现象的存在，当然首先有社会的原因，如所谓“滋味之人”，当是有权有势阶级的人，不会是平民百姓。而所谓“养生之人”，大多应届文化知识阶层，他们有钱有闲，更有一定的科学知识，有较高的文化素养，他们更讲究饮食科学，注重饮食养生之道。朱彝尊和顾仲是反对“餔餟之人”和“滋味之人”的做法的，提倡饮食养生。他们的“养生”标准很具体，如用好水吃好粮，取寻常食物，不追求山珍海味；食物求鲜、洁、熟，求烹饪得法，饮食有节、有忌，追求有益无损，等等。这应当是当时知识阶层的代表性观点，也是中国古代饮食文化中的一种优良的传统。

早在先秦时代，人们就已总结出“肥肉厚酒，务以自强，命之曰烂肠之食”的教训。《内经·素问》也有类似论说：“嗜欲无度，而忧患不止，精气弛坏，荣泣卫除，故神去之而疾不愈也。”吃得太多太好，身体接受不了，不仅无益，反倒有害。

饮食要有节制，这是古代饮食养生的主要内容之一。五代何光远《鉴诫录》卷三写道：“大凡视听至烦，皆有所损。心烦则乱，事烦则变，机烦则失，兵烦则反。五音烦而损耳，五色烦而损目，滋味烦而生病，男女烦而减寿，古者君子莫不诫之。”明言过于追求滋味享受，弄不好适得其反，给身体带来危害，这其中包含的辩证道理十分明白。唐代处士张皋有“养身之要”，见于宋代周辉的《清波杂志》，所谓“神虑淡则血气和，嗜欲胜则疾疹作”，可以视为至理之言。古代有些长寿老人，总结的养生经验也极可贵，如明代徐充的《暖姝由笔》说，明代号竹鹤老人的太守何澄，享年九十有九，可算当时难得的高寿了。有人问他：“老大人有何修养之道而致寿若此?”他很干脆地回答道：“无，只是好吃的不要多吃，不好吃的全不吃。”话语虽是平淡，却自有动人之处，追求长寿的人，对这“好吃的不要多吃，不好吃的全不吃”的妙语，不可不知，不可不解，不可不铭记在心。

节制饮食的劝诫，可以在许多养生类古籍中读到。唐人司马承帧《天隐子养生书》说：“斋戒者，非蔬茹饮食而已，澡身者非汤浴去垢而已。盖其法在节食调中、磨擦畅外者也。……食之有斋戒者，斋乃洁净之务，戒乃节约之称。有饥即食，食勿令饱，此所谓调中也。百味未成熟勿食，五味太多勿食，腐败闭气之物勿食，此皆宜戒也。”明代沈仕《摄生要录》则说：“善养性者，先渴而饮，饮不过多，多则损气，渴则伤血。先饥而食，食不过饱，饱则伤神，饥则伤胃。”同代人高濂著《遵生八笺》，卷十有一篇《饮食当知所损论》，详细论述了饮食养生的一些理论和方法，多有可取之处，他说：

饮食所以养生，而贪嚼无忌，则生我亦能害我。况无补于生，而欲贪异味以悦吾口耳，往往隐祸不小。谓一菜一鱼，一肉一饭，在士人则为丰具矣。

吾意玉瓒琼苏，与壶浆瓦缶同一醉也；鸡跖熊蹯，与粝饭藜蒸同一饱也。醉饱既同，何以侈俭各别？

养性之术，常使谷气少，则病不生矣。谷气且然，矧五味餍饫为五内害哉？

从这些话里可以明白这样一个道理；不是吃饱了就能有个好身体的，饮食养生的内涵还是很丰富的，稍一大意，就可能出岔子。当然这道理的悟出，也并不是轻而易举的事，魏文帝曹丕的《典论》说：“三世长者知服食”，言有三代以上阅历的老者才真正懂得穿衣吃饭，这是古人的经验。后来的“三辈子作官，学会吃唱穿”的俗语，也当是由曹丕的话引申而成。

2 食以养性

贵族有食必方丈的派头，但历史上也并不是所有的贵族都是如此。还有不少有资格追求这种派头的人，因为各种原因而不去追求，反以俭素为饮食生活的重要原则。古代这种俭素与墨家和道家的理论并无直接联系，有时表现出复杂的社会文化背景。

古代国君有以俭治国的，如《尹文子》说："晋国尚奢，文公以俭矫之，衣不重帛，食不重肉。无几，国人皆粗布之衣，脱粟之饭。"国君带头过素朴的日子，平民也不再追求大鱼大肉了。《韩非子》提到楚国令尹孙叔敖的日常饮食是"粝饭菜羹，枯鱼之膳"；《晏子春秋》提及晏子相齐三年，"中食而肉不足"。一个相国能做到这样，应当说是不易的，这除了有秉性的原因外，恐怕也都与晋文公一样，也是为了治国的目的。

古代知识阶层提倡过淡泊的生活，除了认为这样有利于身体健康外，还觉得这是励志养性的一个重要途径。孔子曾热情称赞他的弟子颜回以苦为乐的精神，那个贤德的颜回，每餐一碗饭一瓢水就满足了，住在一个破巷子里，一般的人是忍受不了这清苦的，可他却能自得其乐。春秋时代的鲁人曹沫，就是那个自荐指挥长勺之战的曹大夫，他有一句名言，叫做"肉食者鄙"，说大肉吃多了的人脑袋壅塞，一个个都笨透了，不如吃菜蔬的人聪明。清代顾仲的《养小录》甚至还说："凡父母资禀清明，嗜欲恬淡者，生子必聪明寿考。"又把这观点引入到遗传学的领域，可能有些言重了。不过，他们所讲的道理，并不纯是营养学上的。他们的意思是说，富足的生活容易使人产生惰性，不求进取，胸无大志，自然也就无所作为了。

汉代的丞相公孙弘，也是一个自奉节俭的人，他认为作为人臣最怕的是“不俭节”，所以他自己盖的是布被，“食不重肉”，饭桌上不会出现两盘肉。他当了丞相之后，也是“食一肉脱粟之饭”。公孙弘也明言自己是以晏子为榜样，也是为了治国富民。当时有这样的说法，“治国之道，富民为始；富民之要，在于节俭”。太皇太后在公孙弘死后，还下诏对他进行表彰，说“维汉兴以来，股肱宰臣身行俭约，轻财重义，较然著明，未有若故丞相平津侯公孙弘者也。位在丞相而为布被，脱粟之饭不过一肉。故人所善宾客皆分俸禄以给之，无有所馀”。

历史上不论在哪个时代，都可以找出一些节俭自奉的人，有权势显赫的大臣，也有高高在上的帝王。不过比较而言，宋代显得更为突出，形成一种普遍的社会风尚，很多人在饮食生活上都崇尚俭朴，这是前所未有的。尤其在士大夫阶层，淡泊素雅在一段时期内成为标准的风度，这在历史上的其他时期还不多见。

唐宋时，将穷秀才戏称为“措大”。《东坡志林》记有一个关于措大的寓言故事，说有两位措大碰到一起，谈起各人的抱负，其中一人说：“我平生最不足的是吃饭和睡觉，他日如得志，一定要吃饱了就睡。睡醒了又吃。”另一位则更出奇言：“我与你老兄略有不同，我要是得志，就得是吃了又吃，哪还有空睡觉?”这两位措大的哲学，人生除了吃，别无他求，以为滋味享受是唯一的需要。他们的这种哲学，在宋代是受批判的哲学。当时有一个自称措大的相爷叫杜衍，却并不是只惦记吃喝的人，他在家中平日只用一面一饭，有人称赞他的俭朴，他说："我本是一个措大，我所享用的都是国家给的，所得俸禄多余的都不敢贪用，送给了亲戚朋友中的穷困者，我常担心自己会成为白吃百姓的罪人。要是一旦失了官位，没有了俸禄，还不依然是个措大么？现在若是纵情享受，到那时又怎么过下去呢？"

宋代一些身居高位的人都立身俭约，有着与杜衍相同的饮食观，大概有些人与出身贫苦有一定的关系。北宋文学家兼书法家黄庭坚，在朝中任秘书丞兼国史编修官，也曾在外做过两州知事，屡遭贬谪。他虽非措大出身，却有着与杜衍相似的观点。他曾写过一篇《食时五观》的短文，表达了自己对饮食生活所取的态度，他认为士君子都应本着这"五观"精神行事。他说饮食时一要想到要经过耕种、收获、碾磨、淘洗、炊煮等许多劳动，还有畜养杀牲等事，自己一人饮食，须得十人劳作。在家吃的是父祖积攒的钱财，当官吃的是民脂民膏。食物来之不易，一定要懂得这一点，否则就不可能有正确的饮食观。二要检讨自己福行的高下，具体表现在对亲人的孝顺，对国家的忠贞，对自身的外修养，如果这三方面都尽到了努力，那就可以对所用的饮食受之无愧。如果有所欠缺，则应感到羞耻，不能放纵食欲，无休止地追求美味。三则认为一个人修身养性，须先防备饮食"三过"，不能过贪、过嗔、过痴。见美食则贪，恶食则嗔，终日食而不知食之所来则痴，是为“三过”之谓。《论语·学而》有“君子食无求饱”，背离这一条，就大错特错了。四要懂得五谷五蔬对人体的营养作用，了解饮食养生的道理。身体不好的人，饥渴是主要病症所在，所以要以食当药，做到“举箸常如服药”。五要记住孔子说过的话，“君子无终食之间违仁”，是说任何时候都应有远大抱负，使自己所作的贡献与所得的饮食相称。难得黄庭坚有如此高论，通篇劝导士人积极上进，建功立业，不要一味追求饮食的丰美。

明清人比较注意饮食养性的问题，甚至包括一些帝王。《春明梦余录》说，明太祖朱元璋，曾反对大祀斋日“宰犊为膳，以助精神”。按古礼规定，致斋三日，要宰三条牛犊为皇上改善御膳。朱皇帝觉得这太奢侈，不让这样做，还发表了“俭可以制欲，淡可以颐性”的议论，实属难得。那些提倡素食的人，更是强调“淡泊明志”的道理，如清末薛宝辰《素食说略》“例言”所云：“肉食者鄙，夫人而知之矣。鸿材硕德，未有不以淡泊明志者也。士欲措天下事，不能不以咬菜根者勉之”。“咬菜根”是以淡泊励志的代名词，非常形象，与现在说的“艰苦奋斗”应属同义。

咬菜根，还有更早的出典。明代人姚舜牧的《药言》有云：“人常咬得菜根，即百事可做。骄养太过的，好看不中用。”同代自号“还初道人”的洪应明，专门研究过接人待物、修身养性的学问，撰成《菜根谭》一书。

洪应明显然是提倡以淡泊明志的，难怪他这书要以“菜根香”为名了。“菜根”之说，也不是明代人的发明，它本出北宋人汪革的名言。汪革字信民，进士出身。因不愿与奸臣蔡京为伍，朝廷征召不就。当时人吕本中《东莱吕紫薇师友杂志》引述了他咬菜根的高论，云：“汪信民尝言：人常咬得菜根，则百事可做。”这话义与作“咬得菜根断，则百事可做”。这个说法很容易使人联想起“吃得苦中苦……”的古训来，但境界无疑要高得多，具有更积极的意义。

具有居贫经历的人，心志的磨砺肯定会强于那些纨绔子弟。这也绝不是说，有吃有穿的人就一定不会成为英才了。有钱人也有自己的理论，讲求人要做得正，饭也要吃得好。王卓《今世说》卷八提及：

> 旧有相国堂联：“放开肚皮吃饭，立定脚跟做人。”或议首句不佳，徐野君曰：“被小人常戚戚者，震雷常在匕箸间，那能放开肚皮吃饭？”

各有各的理论，这显然是富有者的理论。有很多机会“放开肚皮吃饭”的人，要“立定脚跟做人”，可能比起咬菜根者更费心力。

3 和神娱肠

古人以茶疗疾，以茶入馔，以茶代酒。到唐代时，茶的功用被认识得比较全面，它的饮用范围因此越来越广泛。古代饮料浆、酒、茶，在唐时已将它们的用途明白区别为三个：救渴用浆，解忧用酒，清心提神用茶。

唐人对茶的作用，在顾况的《茶赋》中说得极明白："滋饭蔬之精素，攻肉食之膻腻；发当暑之清吟，涤通宵之昏寐。"可帮助消化，可涤荡腥浊的这些体验，确是深刻全面。在其他诗人们的诗章中，我们也可以读到类似的体验，如曹邺的《故人寄茶》诗说："六腑睡神去，数朝诗思清"；秦韬玉的《采茶歌》说："洗我胸中幽思清，鬼神应愁歌欲成"。

其实茶与酒一样，也能助人诗兴。李白爱酒亦爱茶，他的诗句"朝坐有余兴，长吟播诸天"，说的就是饮茶吟诗的情趣，饮了茶，同样可以诗兴大发，长吟短诵。当然茶诗与酒诗的格调、意境、气势等应该是有明显区别的，值得唐诗研究者作一番比较研究。

在唐代时，茶饮已开始用于醒酒。酒客中有不少爱茶的，以茶解酒是一个重要原因。白居易有一首《萧员外寄蜀新茶》诗，也提及以茶解酒的事，诗中说："蜀茶寄到但惊新，渭水煎来始觉珍。满瓯似乳堪持玩，况是春深酒渴人。"春酒为新酒，蜀茶为新茶，新茶对新酒，诗人的满足之态，溢于言表。

在佛教昌盛的后代，饮茶尤为僧人嗜好。僧众坐禅修行，均以茶为饮，要得半夜学禅而不致困顿，又不让吃晚餐，只能以饮茶为事。南方几乎每个寺庙都有自己的茶园，寺僧人人善品茶，所谓名山有名寺，名寺有名茶名僧。僧人嗜茶，除了提神以外，还以茶饮为长寿之方。唐大中三年（公元 849 年），东都洛阳送到长安一僧，是个长寿僧，年龄有130岁。唐宣宗李忱问他服什么药得以有如此长寿，僧人回答说："臣年少时贫贱，从来不知服用什么药物，但只是嗜茶而已。不论走到哪里，只求有茶就行，有时一口气可饮上一百碗，也不以为多"。宣宗听了，命赐名茶50斤，让这僧人住进"保寿寺"，还将僧人专用的饮茶处所，命名为"茶寮"。

僧人饮茶所得乐趣，也许要趣于常人。这可由释皎然《饮茶歌·诮崔石使君》诗读出来："一饮涤昏寐，情来爽朗满天地。再饮清我神，忽如飞雨洒轻尘。三饮便得道，何须苦心破烦恼。此物清高世莫知，世人饮酒多自欺。"他非常自豪地抒发了自己饮茶所得的快乐感受，还劝世人弃酒事茶，到茶中寻找乐趣。寺僧饮茶较之世人，确有许多讲究。据《云仙杂记》所说，觉林寺僧志崇饮茶时按品第分为三等，待客以"惊雷荚"，自奉以"萱草带"，供佛以"紫茸香"。他以最上等茶供佛，以下等茶自饮，有客人赴他的约会，都要用油囊盛剩茶回家去饮，舍不得废弃，合现时"吃不了兜着走"，也是太珍贵了的原因。

唐代诗人多是酒茶两不误，诗人们常常相互寄赠新茶，或回赠以茶诗，抒发了彼此诗兴，也联络了彼此的感情。如诗人卢仝的《走笔谢孟谏议寄新茶》一诗，写了友人赠茶之事，也写了自己饮茶自得其乐的情态：

一碗喉吻润，两碗破孤闷；

三碗搜枯肠，唯有文字五千卷；

四碗发轻汗，平生不平事，尽向毛孔散；

五碗肌骨清，六碗通仙灵；

七碗吃不得也，唯觉两腋习习清风生。

多么的自在！再要这么喝下去，便要飘飘欲仙了。此外，还有温庭筠的《西岭道士茶歌》：“疏香皓齿有余味，更觉鹤心通杳冥”；薛能的《郑使君寄乌嘴茶赠答》：“千惭故人意，此惠敌丹砂”，皆有异曲同工之妙。

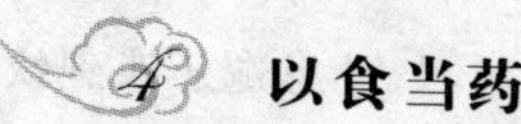

4 以食当药

饮食既能养生，又可疗疾，但若弄不好却会造成病痛与死亡，这些道理早在野蛮时代便为人们所懂得。然而这些知识要上升为科学，却不知经历了多少个世纪。到了唐代，出现了专门研究食疗的学者和著作，一个新的学科逐渐形成了。

唐初医药学家孙思邈，少时因病而学医，一生不求官名，一心致力医药学研究。他著有《千金方》和《千金翼方》等，被后人尊为“药王”。孙思邈的这两部著作有专章论述食疗食治，对食疗学的发展产生了深远的影响。

《千金方》又名《备急千金要方》，全书三十卷，第二十六卷为食治专论，后人称之为《千金食治》。所以名为“千金”，有一方药值千金之意，孙氏自谓“人命至重，贵于千金，一方济之，德逾于此”。《千金食治》的序论部分谈到了食疗的必要性，孙思邈援引东汉名医张仲景的话说：人们平时不必妄用药物，否则会影响肌体内的平衡。孙思邈说："人安身的根本，在于饮食；要疗疾见效快，就得凭于药物。不知饮食之宜的人，不足以长生；不明药物禁忌的人，没法根除病痛。这两件事至关重要，如果忽而不学，那就实在太可悲了。饮食能排除身体内的邪气，能安顺脏腑，悦人神志。如果能用食物治疗疾病，那就算得上是良医。作为一个医生，先要求摸清疾病的根源，知道它给身体什么部位会带来危害，以食物疗治。只有在食疗不愈时，才可用药。"孙思邈还谈到饮食不当可能会危害人体健康，提倡少吃一些佳肴，要注意选择对人体有益的食物。他告诫人们说："凡常饮食，每令节俭，若贪味多餐，临盘人饱，食讫觉腹中彭亨（胀肚）短气，或致暴疾，仍为霍乱。又夏至以后，迄至秋分，必须慎肥腻、饼臛、酥油之属，此物与酒浆瓜果，理极相仿。夫在身所以多疾病，皆由春夏取冷太过，饮食不节故也。又鱼脍诸腥冷之物，多损于人，断之益善。乳酪酥等常食之，令人有筋力胆干，肌体润泽，卒多食之，亦令腹胀泄利，渐渐自已。"既谈到一些配餐禁忌，也谈到饮食与季节的关系，尤其节食一说，包含着极科学的道理。

《千金食治》分果实、菜蔬、谷米、鸟兽几篇，详细叙述了各种食物的药理与功能。果实篇述及槟榔、豆蔻、蒲桃、覆盆子、大枣、生枣、藕实、鸡头实、芰实、栗子、樱桃、橘子、梅、柿、木瓜、甘蔗、芋、杏仁、桃仁、李仁、梨、安石榴、枇杷叶、胡桃等20

多种干鲜果类。孙思邈提倡多食大枣、鸡头实、樱桃，说能使人身轻如仙；告诫不可多食者有梅，坏人牙齿；有桃仁，令人发热气；有李仁，令人体虚；有安石榴，损人肺脏；有梨，令人生寒气；有胡桃，令人呕吐，动痰火。食杏仁尤应注意，孙思邈引扁鹊的话说："杏仁不可久服，令人目盲，眉发落，动一切宿病"，不可不慎。

菜蔬篇记有包括枸杞叶、枸杞、瓜子、越瓜、胡瓜、早青瓜、冬葵子、苋菜实、苦菜、荠菜、芜菁、菘菜、芥菜、苜蓿、葱、韭、薤、海藻、白蒿、藿、莼、小蒜、茗叶、苍耳子、食茱萸、蜀椒、干姜、生姜、芸苔、竹笋、茴香等在内的蔬菜野菜50多种。孙思邈说，越瓜、胡瓜、早青瓜、蜀椒不可多食，而苋菜实和小苋菜、苦菜、苜蓿、薤、白蒿、茗叶、苍耳子、竹笋均可久食，令人身轻多力，可延缓衰老。

谷米篇记谷物及其酿造制品20余种，包括薏仁、胡麻、白麻子、饴、赤小豆、大豆豉、大小麦、黍米、秫米、酒、扁豆、粳米、糯米、醋、荞麦等，食盐也附在其中。孙思邈说，薏仁、胡麻、白麻子、饴、大麦、青粱米久食身轻有力，令人不老；而赤小豆令人肌肤枯燥；白黍米和糯米令人烦热；盐损人力，黑肤色，这些都不可多食。

鸟兽篇记述了包括虫鱼在内的动物及乳品40余种，有人乳、马牛羊猪驴乳、酥酪、醍醐、熊肉、青羊、狗脑、猪肉、鹿肉、獐骨、麋脂、虎豹肉、兔肝、鸡、石蜜、蛇肉、鲤、鳖、蟹等。其中乳酪制品对人大有补益；虎肉不可热食，能坏人齿；石蜜久服，强志轻体，耐第延年；腹蛇肉泡酒饮，可疗心腹痛；乌贼鱼也有益气强志之功；鳖肉食后能治脚气。

《千金翼方》是为补《千金方》的不足而写的，两书宗旨相同，内容相近。《千金翼方》还特别提到与饮食相关的养老之术，即便今日也颇有可取。

在孙思邈门下，还有一位著名的医药学家孟诜，也是一位寿星老。孟诜师事孙氏，写出了中国第一部食疗专著《神养方》。后由其弟子张鼎作了增补，易名《食疗本草》，共载食疗方227条。但此书早已散佚。1907年，英国人斯坦因在敦煌莫高窟中找到了《食疗本草》残卷，这书的许多内容散见于其他一些唐宋医籍中，近代许多学者进行了辑佚，出版了比较完备的辑本。本书集药用食品共一册，在每种食物名下均注明药性、服食方法及宜忌等项，特别对有些食物多食或偏食可能招致的疾患，也都一一标明。

唐代末年，四川名医昝殷写成《食医心鉴》一书，也是食疗专著，不过又有创新。可惜的是此书也早已散佚，现仅存辑本。书中不像过去的食疗著作那样，只介绍单味食物的治疗作用，而是以病症分类，每类中开列数方或数十方。现存食疗方分15类，即中风疾状食治诸方、浸酒茶药诸方、治诸气食治诸方、论心腹冷痛食治诸方、论脚气食治诸方、论脾胃气弱不多下食食治诸方、论五种噎病食治诸方、论消渴饮水过多小便无度食治方、论水肿诸方、论七种淋病食治诸方、小便数食治方、论五痢赤白肠滑食治诸方、论五种痔病下血食治诸方、论妇人妊娠诸病及产后食治诸方、小儿诸病食治诸方。

昝殷在论述每类疾病之后，具体介绍食疗处方，这些食方剂型包括粥、羹、菜肴、酒、浸酒、茶方、汤、乳方、丸、脍、散等，选用食物以稻米、薏仁、大豆、山药、羊肉、鸡肉、猪肝、鲤鱼、牛乳最为常见。这可以称为初级药膳，如治心腹冷痛用桃仁粥，治五痢用鲫鱼脍，治痔疮用杏仁粥，治产后虚症用羊肉粥等。

唐代其他一些医学著作中，也有时载有食疗内容。由于许多食疗方都不过是经验之谈，免不了包含一些不符合科学的内容，甚或会有一些荒诞不经的内容，这些都不足为怪。我们只要用历史的眼光去看待，这些都不难理解。

唐人讲究食疗食治，并不只是限于医药学家们，事实上它在唐代已成为一种比较普通的学问。对于上层社会来说，饮食与性命攸关，有关食疗的一些道理，权贵们绝不会置之不理的。例如有口蜜腹剑之称的奸相李林甫，他的一个女婿郑平，经常住在李宅中。一天，李林甫到郑平所住院中看望自己的女儿，正好女婿在梳理头发，他一眼就看出女婿头上有白发，随口就说："要有甘露羹吃了，即使满头白发也能变得乌黑。"没想在第二天，皇上派人赐食李林甫，送来的食物中就有甘露羹。李林甫将这甘露羹转送与郑平吃了，后来白发还真的变黑了。

5 以药入膳

大约从唐代末年开始，一些食疗方面的著作再也不满足于研究某种单味食物的治疗保健作用，开始探讨复合方剂，一种新的医疗体系——药膳出现了。药与膳的结合，将食疗学推向一个新的发展阶段。

北宋初编定的《太平圣惠方》，以及稍后出版的《圣济总录》，是两部重要的医学巨著，两书都分别有几卷专论食治。书中所列食疗方剂，大部分属药与食共煮的药膳形式，分粥方、羹方、饭方、饼方、脍方多种。如治肾劳虚损精气竭绝的“补肾羹方”，是以羊肾一对去脂，入葱白、生姜五味作羹；治伤寒后小便赤涩肚脐急痛的“葱粥方”，是用葱白十四茎细切，以牛酥半两炒葱，再加入粳米三合煮成粥；治中风狂邪惊走、心神恍惚、言语失志的“葛根饭方”，用葛根四两捣粉，粟米饭半升拌匀，加豉汁急火煮熟，再加五味葱白调食；治五劳七伤羸瘦虚乏的“酿猪肚方”，用獖猪肚一只洗净去脂，加人参、茯苓、陈皮、干姜、芜荑、汉椒、莳萝、大枣、糯米于肚中，用麻线缝口，放甑中蒸熟，切片空腹渐渐服食；还有一种补虚养身的“药牛乳方”，较为特别，用钟乳一斤细研，加人参、甘草、熟干地黄、黄芪、杜仲、肉苁蓉、茯苓、麦门冬、薯蓣，均研为末，置粟米粥中喂黄牛，平旦取牛乳服之。

北宋曾任过县令的陈直，撰有《养老奉亲书》一卷，为老年人保健提供了许多食治方剂和养老长寿之术。他说，由于老人“皆厌于药而喜于食”，所以要提倡以食疗疾。陈直还指出：“善治病者，不如善慎疾；善治药者，不如善治食。凡老人之患，先宜食治。”陈直所列食疗方剂也多是药食混合的药膳形式，羹、面、粥、菜、酒、茶，无所不包。其中一个“燠梨方”，是用黄梨刺五十孔，每孔中放蜀椒一颗，空腹食用，能治老人咳嗽、胸胁牵痛、流涎多涕。

林洪的《山家清供》，是一本宋代难得的烹饪专著，有一半的篇幅与食疗有关。他在叙述一些风味食品时，指出了它们的主要治疗功用。如“松黄饼”，取松花粉和熟蜜做饼，香味清甘，能壮颜益志延年。又如“酥琼叶”，实际就是酥炸馒头片，有止痰化食之功。再如“拨霞供”，本是火锅涮兔肉，能补中益气。有趣的是，本来是极平常的饮食，林洪却给它们取了一个个高雅的名号，如所谓金玉羹、广东寒糕、进贤菜、通神饼之类，让人闻其名必欲品其味。

八 食味内外

名士隐士的食态

与权贵们的豪奢相映照的，是名士们的纵酒放达，不务世事，任诞不羁，称为名士风度。何谓“名士”？《世说新语》记晋代一位刺史王孝伯的话说：“名士不须奇才，但使常得无事，痛饮酒，熟读《离骚》，便可称名士。”这个说法当然不算全面，但也略有些道理。汉代名士议论政事，没有什么好下场。魏晋名士专谈玄理，就是所谓清谈。表现在饮食生活上，便如鲁迅先生所论说的，食菜和饮酒，这是魏晋名士最突出的特色。

正始名士是指曹魏正如年间以何晏等人为首的一帮名士。何晏字平叔，是东汉末大将军何进的孙子，母为曹操夫人，自幼为曹操收养。何晏官至吏部尚书，与夏侯玄、邓飏等人不仅以清谈著名，而且也以服“五石散”著名。何晏好女色，求房中术，以至爱穿妇人之服，服五石散求长生。所谓五石散，又称寒食散，炼钟乳石、阳起石、灵磁石、空青石、原砂等药为之，药方本出汉代，但那时服用的人不多，弄不好会丧命。而何晏摸索出一套方法，获得神效，于是大行于世。按何晏自己的话说，服五石散“非唯治病，亦觉神明开朗”（《世说新语·言语》），看来有清神之功。服五石散的人，饮食极有讲究，饭食必须吃凉的，衣服不能穿厚的，但饮酒必得微温，否则后果不堪设想。正始名士也并非不饮酒，大约比起竹林七贤稍有逊色。

“竹林七贤”是指西晋初年清谈家的七位代表人物阮籍、嵇康、刘伶、向秀、阮咸、山涛、王戎七人，他们提倡老庄虚无之学，轻视礼法，远避尘俗，结为竹林之游，因而史称竹林七贤。这些人的脾气似乎大都很是古怪，外表装饰得洒脱不凡，轻视世事，深沉的胸中却奔腾着难以遏止的痛苦的巨流。竹林七贤起初都是当政的司马氏集团的反对者，后来有的被收买，做了高官，不愿顺从者则被治罪，以致处死。

阮籍字嗣宗，曾任步兵校尉、散骑侍郎，封关内侯。阮籍本来胸怀济世之志，因为与当权的司马氏有矛盾，看到当时名士大都结局不妙，于是常常纵酒佯狂，以避祸害。每每狂醉之后，就跑到山野荒林去长啸，发泄胸中郁闷之气。他家邻居开了一个酒店，当垆沽酒的少妇长得十分漂亮，他便常去饮酒，饮醉了就躺倒在少妇旁边。少妇丈夫也很了解阮籍的为人，所以也不怪罪他。

阮籍好饮酒，寻找着机会就酣饮不止。他听说步兵厨营人极善于酿酒，有贮酒三百斛，于是请求为步兵校尉，为的是天天能喝到酒。他这个人从来任性不羁，把礼教不放在心上。他母亲去世时，正好在与别人下棋，对手听到噩耗，请求不要再下了，阮籍却非要与他决个输赢不可，下完棋后又饮了二斗酒，大号一声，吐血数升。到临葬母时，弄了一头蒸肫吃，又是二斗酒下肚。与母诀别，一句话说不出口，还是大号一声，又吐血数升。

嵇康字叔夜，与阮籍齐名，官至中散大夫。他与魏宗室有姻亲，不愿投靠司马氏，终被谗杀。史籍说他二十年间不露喜愠之色，恬静寡欲，宽简有大量。山涛得志后推荐他做官，他辞而不受，云“浊酒一杯，弹琴一曲，志愿毕矣”。他把官吏比作动物园里的禽兽，失却了自由。嵇康在一首五言诗中写道：“泽雉穷野草，灵龟乐泥蟠。荣名秽人身，高位多灾患。未若捐外累，肆志若浩然”，这充分表达了他不为官、不求名的心境。

嵇康还著有《养生论》，将老庄之道的饮食摄生理论作了透彻的阐述。他说：“滋味煎其腑脏，醴醪煮其肠胃，香芳腐其骨髓。喜怒悖其正气，思虑销其精神，哀乐殃其平粹。”提倡清虚静态、少私寡欲，善于养生的人，都要认识厚味害性的道理，必得弃而不顾，不可贪而后抑，那就为时已晚了。嵇康甚至总结出“穰岁多病，饥年少疾”的经验之谈，故此要节制饮食，“口不尽味”。如果“以恬淡为至味，则酒色不足钦也”，酒与色都是甜美的毒药，没有必要去追求不止。事实上，嵇康确乎不在酒徒之列，他没有竹林七贤中其他人那样的酗酒事迹。嵇康还提出“养生有五难”

之说，即所谓“名利不灭，喜怒不除，声色不去，滋味不绝，神虚精散”。如果克服“五难”，那么就能“不祈喜而有福，不求寿而自延”。嵇康的养生之道有很多内容是可取的，可他视五谷而不顾，专事饮泉啜芝，那就不是一般人所能做到的了。

向秀字子期，司马昭时授黄门侍郎、散骑常侍。向秀清悟有远识，与嵇康论养生之道，二人观点表面上对立，实则一体。向秀为使嵇康的论点阐发得更为充分，所以多次故作诘难，不过他表述的重视五谷的论点至少代表了其他一部分士人的思想。也许向秀与嵇康一样，也是七贤中对酒并不怎么感兴趣的人，是否滴酒不沾，那就很难说了。

刘伶字伯伦，曾任建威参军。生性好酒，放情肆志。常乘鹿车，携壶酒，使人扛着铁锹跟在他后面，说“我不论在何处一死，你即刻便把我埋在那儿”。刘伶淡默而少言语，但却能“一鸣惊人”。他有一次饮酒将醉，把身上的衣服脱得精光，赤条条的样子，有人见了笑话他，他却说：“我是以天地作为大厦，以房屋当衣裤，你看你们这些人怎么钻到我裤子里来了！”反将讥笑他的人羞辱了一番。又有一次，刘伶醉后与一大汉发生摩擦，那人卷起衣袖，挥起拳头就要开打。刘伶冷冷地说了一句“我瘦如鸡肋一根，没有地方好安放您这尊拳”。这话来得很是意外，大汉竟收敛起怒气，一时哈哈大笑。

阮咸字仲容，是阮籍的侄子，叔侄并称“大小阮”。阮咸曾任散骑侍郎，出补始平太守，一生任达不拘，纵欲湎酒。阮氏宗族皆好酒，有一次宗人聚集，连平常用的酒杯都不要，只用大盆盛酒，大家围坐共饮。正巧这时有一群猪跑过来，猪和人都一起共享这盆中的酒。阮咸因为精通音乐，善弹琵琶，大概饮得高兴了，还会弹唱一曲。

山涛字巨源，七贤中他的官做得较大，大到吏部尚书、侍中。山涛的酒量大到八斗，尽量即止。晋武帝想试试山涛酒量大小，专门找他来饮酒，名义上给了他八斗，可又悄悄地增加了一些，山涛将饮到八斗，就再也不举杯了。

王戎字濬冲，他仕路通显，历官中书令、光禄大夫、尚书佐仆射、司徒。他是七贤中年龄最小的一个，幼时聪颖过人，神采秀彻。有一次，小王戎和一群孩子在路边玩耍，见到一棵李树上结满了果实，那些孩子都争先恐后地去摘李子吃，只有王戎一个人不动声色。有人问他为何不去摘些尝尝，他说："路边的李树能保持累累的果实，必是苦李无疑。"那人取李子一尝，果真如此。王戎自家有优种的李树，常常高价出售李子，他怕别人得了李核种成会夺了他的利，于是将李核都钻破了再卖，他因此而受到了世人的讥讽。

竹林七贤中，王戎、嵇康和向秀倒是并不怎么嗜酒，不过也不好说他们一点酒不饮。《世说新语·任诞》说："七人常集于竹林之下，肆意酣畅"，可见多少是要饮一些的。南京及附近地区的六朝墓葬中，出土过大型拼砌画像砖，其中便有竹林七贤的群像，七人都是席地而坐，或抚琴弹阮，或袒胸畅饮，或吟咏唱和，名士风度刻画入微。

说到嗜酒，不能不提东晋田园诗人陶潜。陶潜字渊明，他的先祖曾在朝廷为官，到了他这一代，已是破落不堪。他少时即爱读书，所谓“好读书，不求甚解”。生性爱酒，但因家境穷极，常常买不起酒。亲戚朋友爱慕陶潜的才学，常常买好酒请他去饮，他也一点不客气，一请就到，饮醉了才回家。后来陶潜被推荐做了彭泽县令，他让在衙门所有的两百亩公田中都种上糯稻，准备酿酒。陶潜最终因不愿为五斗米折腰，辞去县官，回家种田去了。朝廷再有征召，他一概不应。

陶潜一生，与诗、酒一体。他的脸上很难见到喜怒之色，遇酒便饮，无酒也雅咏不辍。他自己常说，夏日闲暇时，高卧北窗之下，清风徐徐，与羲皇上人不殊。陶潜虽不通音律，却收藏着一张素琴，每当酒友聚会，便取出琴来，抚而和之，人们永远也不会听到他的琴声，因为这琴原本一根弦也没有。用陶潜的话说，叫做“但识琴中趣，何劳弦上声”。陶潜醉后所写的《饮酒二十首》，有序曰“偶有名酒，无夕不饮。顾影独尽，忽焉复醉。既醉之后，辄题数句自娱”。就这样一醉一诗，写了二十首。其中一首是：“劲风无荣木，此荫独不衰。托身已得所，千载不相违。”另一首又说：“结庐在人境，而无车马喧。问君何能尔，心远地自偏。采菊东篱下，悠然见南山。山气日夕佳，飞鸟相与还。此中有真意，欲辩已忘言。”充分表达了他逃避现实，安于隐居的心境，他也确实在田园生活中找到了别人所不能得到的人生快乐和心灵慰藉。

历史上的酒徒不计其数，在史籍中留下大名的人委实不少。仔细一想，任何时代出名的酒徒都没有魏晋南北朝时期这300余年的多，这就是那样的时势所造成的，既造了英雄，也造了酒徒。唐代大诗人李白的名篇《将进酒》，有一句“古来圣贤皆寂寞，惟有饮者留其名”，说的大约是魏晋南北朝时期的情形。

2 知味者的味觉

我们现在所说的美食家，古时称为知味者，指的是那些极善于品尝滋味的人。各个时代都有一些著名的知味者，而最有名的几位却大都集中在魏晋南北朝时期。这也间接说明了那个时代烹饪水平所达到的空前高度，因为没有美食，就不会有美食家的。

《淮南子·修务训》记有这样一个寓言，说的是楚地的一户人家有一人杀了一只猴子，烹成肉羹后，去叫来一位贪嘴的邻居共享。这邻居以为是狗肉，吃起来觉得特别香甜，他大概是个极爱吃狗肉的人。吃饱了之后，主人才告知吃的是猴子，这邻居一听，顿时胃中翻涌如涛，两手扒在地上一下子吐了个干净。这是一个不知味的典型人物，将不怎么好吃的东西当美味，或者将美味当糟糠，都是不知味者。正如《抱朴子·博喻》所说：“捐荼茹蒿者，必无识甘之口；弃琼拾砾者，必无甄珍之明。”

古之知味者，首推师旷和易牙。易牙名巫，又称作狄牙，因擅长烹饪而为春秋齐桓公饔人。《吕氏春秋·精谕》说："淄渑之合，易牙尝而知之。"淄、渑都是齐国境内的河水，将两条河的水放在一起，易牙一尝就能分辨出哪是淄水，哪是渑水，确有高超之处。师旷是春秋晋平公的一位盲人乐师，字子野。《北史·王邵列传》说："师旷食饭，云是劳薪所炊，晋平公使视之，果然车轴。"端起饭碗一尝，就能知是什么柴火烧成，味觉实在不凡。劳薪指的是破旧器具劈成的木柴，用它做成的饭大概免不了有些异味，不过不是一般人所能分辨出的。

到了魏晋南北朝时期，见于史籍的知味者明显多于前朝后代。西晋大臣、著作家荀勖，就是很突出的一位，他连拜中书监、侍中、尚书令，受到晋武帝的宏信。有一次他应邀去陪武帝吃饭，他对坐在旁边的人说："这饭是劳薪所炊成。"人们都不相信，武帝马上派人去问了膳夫，膳夫说做饭时烧了一个破车轮子，果然是劳薪。他的事迹与师旷如此相似，很令人怀疑其中有一命名可能是古代史家们的附会。

前秦自称大秦天王的苻坚有一个侄子叫苻朗，字元达，被苻坚称之为千里驹。苻朗降晋后，官拜员外散骑侍郎。他要算是知味者中的佼佼者了，他甚至能说出所吃的肉是长在牲体的哪一个部位。东晋皇族、会稽王司马道子，有一次设盛宴招待苻朗，几乎把江南的美味都拿出来了。散宴之后，司马道子问道："关中有什么美味可与江南相比？"苻朗答道："这筵席上的菜肴味道不错，只是盐的味道稍生。”后来一问膳夫，果真如此。又曾有人杀了鸡做熟了给苻朗吃，苻朗一看，说这鸡是露天而不是笼养的，事实正是如此。苻朗有一次吃鹅，指点着说哪一块肉上长的是白毛，哪一块肉上长的是黑毛，人们不信。有人专门宰了一只鹅，将毛色异同部位仔细做了记录，苻朗后来说的竟毫厘不差。这是一位罕有的美食家，若无长久的经验积累，不可能达到这样的境界。

能辨出盐的生熟的人，还有魏国侍中刘子扬，他“食饼知盐生”，时人称为“精味之至”。

晋人中还有自称“玄晏先生”的皇甫谧，也是辨味高手。皇甫谧有一次去拜访好友卫伦，卫伦叫仆人取出一种干粮招待。皇甫谧一尝，知道干粮主料是麦面，但含有杏、李、柰（苹果的一种）三种果味。于是他问卫伦：“三种果子成熟季节不同，是怎么将它们糅合一体的呢?”卫伦笑而不语。等皇甫谧走后，卫伦才感叹地说：“这老兄识味的本事，远在刘子扬之上。我是把麦面在杏成熟时糅以杏汁，在李、柰成熟时又糅以李、柰汁，所以才兼有三种味道的呀!”

在许多文人们看来，他们对味觉的感受与常人是不同的，往往在酒食中寄托自己的志趣，既不求奢靡，也不去纵欲。东晋著名画家顾恺之，世称他的才、画、痴为三绝。他吃甘蔗与常人的办法不同，是从不大甜的梢头吃起，渐至根部，越吃越甜，并且说这叫做“渐入佳境”。从两晋时起，中国饮食开始转变风气，与文人们的努力不能不说没有关系，过去的美食均以肥腻为尚，从此转而讲究清淡隽永之美，确实又入了另一番佳境。

3 文士斫鲜之趣

精彩的饮食活动，很多场合下不是在家庭成员范围内完成的，往往具有一定的社会性。在亲朋故旧的聚会中，在与外人的交际中，更能在饮食活动中体现出超出饮食之外的意境，体现出时代的风貌。这样的意境或高雅，或粗俗，或热烈，或淡素，很少有在皇宫见到的那种庄重和官场见到的那种审慎。

北宋时，社会风气一度比较质朴，这与士大夫们的倡导有关。表现在饮食生活上，人们追求一种淡泊素雅的风度，这在中国历史上还并不多见。这种淡泊素雅的风度，可称为君子风度，自古以来就为士大夫中的一部分人所推崇，正所谓“君子之接如水”（《礼记·表记》）、“君子之交淡若水”（《庄子》）。

北宋时一些高居相位的官僚，也能以节俭相尚，十分难得。如撰有《资治通鉴》的史学家司马光，哲宗时擢为宰相。此前他曾辞官在洛阳居住15年，也就是撰写《资治通鉴》的那阵子，他与文彦博、范纯仁等这些后来都身居相位的同道相约为“真率会”，每日往来，不过脱粟一饭，酒数行。相互唱和，亦以俭朴为荣。文彦博有诗曰：“啜菽尽甘颜子陋，食鲜不愧范郎贫”；范纯仁和曰：“盍簪既屡宜从简，为具虽疏不愧贫”；司马光又和：“随家所有自可乐，为具更微谁笑贫?”充分表达了他们与俭救弊的大志。司马光居家讲学，也是奉行节俭，不求奢靡，“五日作一暖讲，一杯一饭一面一肉一菜而已”，这就是他所接受的招待。司马光为山西夏县人，他在归省祖茔期间，父老们为之献礼，用瓦盆盛粟米饭，瓦罐盛菜羹，他“享之如太牢”，觉得味过猪牛羊。司马光的俭朴大概与家教有关，他自己曾说他父亲为郡牧判官时，来了客人未尝不置酒，“或三行，或五行，不过七行酒”，吃的果品只有市上买来的梨栗枣柿，肴馔则只有脯醢菜羹，器用皆为瓷器漆器，无有金银。据司马光说，当时的士大夫差不多都是如此，“人不相非”。人们更多讲究的是礼、情，所谓“会数而礼勤，物薄而情厚”(《比事摘录》)。

上面提到的范纯仁，就是“先天下之忧而忧，后天下之乐而乐”的文学家范仲淹的儿子，他的俭朴也是承自父辈的家法。范仲淹官拜参知政事，为副相，贵显之后，“以清苦俭约称于世，子孙皆守其家法”。范纯仁做了宰相，也不敢违背这家法。有一次他留下同僚晁美叔一起吃饭，美叔后来对人说：“范丞相可变了家风啦!”别人问他何以见得，他回答说：“我同他一起吃饭，那盐豉棋子面上放了两块肉，这不是变家风了吗!”人们听了都大笑起来，范纯仁待客既如此，自家的生活就可以想见其淡泊了。

俭朴蔚为风气后，时论对奢侈的士人免不了有一些非议。有时那些饮食稍丰的人，还会被宣布为不受欢迎的人。有个太守名叫仇泰然，与自己手下的一个官员十分要好。有一日，他问到这小官员“日用多少”，那人回答说：“十口之家，日用一千。”仇太守感到惊诧，又问“怎么能一天用这许多钱呢?”回答是：“早餐吃一点点肉，晚餐用菜羹。”太守听了，极不高兴地说：“我身为太守，平日里都不敢吃肉，只是用菜。你老兄一个小小芝麻官，还敢天天弄肉吃，一定不是廉洁之士!”自此，太守便不再理会那官员了。

淡泊素雅虽为一种流行风度，但这并不意味着说士大夫们都是一位位苦行僧。他们即便在这种淡泊之中，也在寻找着生活的无穷乐趣，高雅的“斫鲜之会”正充分体现了这一点。据《春渚纪闻》说，吴兴溪鱼极美，冠于他郡，郡城的人聚会时，必斫鱼为脍。斫脍须有极高的技艺，所以操刀者被人名为“脍匠”。又据《避暑录话》说，过去斫脍属南食，汴京能斫脍的人极少，人们都以鱼脍为珍味。文学家梅圣俞为江南宣城人，他家有一老婢，善为斫脍。同僚欧阳修都是江西人，极爱食脍。他们每当想到食脍时，就提着鲜鱼去拜访梅圣俞。梅圣俞每得可为脍的鲜鱼，必用池水喂养起来，准备随时接待同僚。所以他的文集中还存有这样的句子：“买鲫鱼八九属尚鲜活，永叔（欧阳修）许相过，留以给膳”；又“蔡仲谋遗鲫鱼十六尾，余忆在襄城时获此鱼，留以迟永叔”。

有时这斫鲜之会还以野宴的方式出现，更充满一种清新的情趣。据《东京梦华录》，汴梁人在清明节时，都涌到城外郊游，“四野如市，往往就芳树之下，或园圃之间，罗列杯盘，互相劝酬”。城西皇家金明池琼林苑，三月一日起开禁，允许士庶在划定的游览区赏玩。池西垂杨蘸水，游人稀少，那里有一些兴致很高的垂钓者，他们事先在池苑管理处买得准钓的牌子，然后才得开钓。钓得的鱼有的当即便高价卖给游人，游人随带脍具，乘鲜临水斫脍，用以佐酒，称为“一时珍味”。

又据《坌起杂事》所记，明代汴梁有些官员，一般政务都留给左右去处理，自己每天都以捕鱼为乐，得鱼即斫脍，自称“斫鲜之会”。这无疑是继承了宋人的传统。

4 “老饕”东坡

苏轼的饮食思想也有独到之处，可能对黄庭坚产生过一定影响。苏轼更为豪放洒脱，他不求富贵，不合流俗，他饮食生活的点点滴滴就像是一首首妙诗，令人回味无穷。

苏轼字子瞻，号东坡居士，眉州眉山（今四川眉山）人。他是个诗文书画无所不能、聪敏异常的全才，也算得是一位美食家，他还作有《老饕赋》，以饕餮自居。不过，他这位美食家并不怎么追求奇珍异味，更多的是追求一种难得的乐趣。发生在苏东坡身上的皛饭与毳饭的故事，体现出他在饮食上所抱有的质朴态度。那故事的情节十分有趣，与当时的史学家刘攽（贡父）有关。有一次，苏东坡对刘贡父说：“从前我曾与人共享‘三白’，觉得十分香美，使人简直难以相信世间还有八珍之馔。”贡父急忙问“三白”是什么美味，东坡答曰：“一撮盐、一碟生萝卜、一碗米饭。”原来是生萝卜就盐佐饭，逗得贡父大笑不止。过了一些日子，刘贡父忽然下了一道请帖，邀东坡前往吃“皛饭”。东坡以为“皛饭”必出于什么典故，如期前往赴宴，结果只见食桌上摆有萝卜、盐和饭，才明白刘贡父是以“三白”相戏，于是操起碗筷，几乎一扫而光。东坡起驾回府时，对贡父说：“明日请到我家来，我有毳饭招待。”贡父明知为戏言，只是不解“毳饭”究竟为何物，次日还是如约到了苏府。二人见面，谈笑已久，直到过了午时，还不见设食。刘贡父已觉饥饿难耐，便请备饭，东坡说：“再等一小会儿。”如此再三，东坡回答如故。贡父说：“我可饿得实在忍受不住了。”只听东坡不紧不慢地说道：“盐也毛，萝卜也毛，饭也毛，非毳而何？”毛即“无”也。意为：盐无、萝卜无、饭也无，这不就是毳饭吗？贡父听罢捧腹大笑说：“我想先生必定会找机会报复我那皛饭的，没料到竟有如此绝招。”当天，东坡终究还是摆了实实在在的筵席，刘贡父饮到很晚才离去。

这算得是宋代文人交往的一段佳话，从一个侧面反映了那种淡泊的风度。“三白”在唐代就已成为贫寒之家饮食的代称，有些著作将它当作是苏东坡的发明，应当说是一个误会。当然，话又得说回来，主宾之间如果常常用这皛饭对毳饭，那是断然不成的，这种事一来一往足矣。否则，雅兴转而为败兴，就没了趣味。

有人馈送东坡六壶酒，结果送酒人在半路跌了一跤，六壶酒全都洒光。东坡虽然一滴酒也没尝到，却风趣地以诗相谢，这诗说“不谓青州六从事，翻成乌有一先生”。青州从事是美酒的代名。东坡早年起就不喜饮酒，自称是个看见酒盏便会醉倒的人。后来虽也喜饮，而饮亦不多。他写过一篇《书〈东皋子〉传后》，十分生动地描述了自己对饮酒所取的态度。他说：自己虽整日饮酒，加起来也不过只有五合。在天下不能饮酒的人当中，他们都要比我强。不过我倒是极愿意欣赏别人饮酒，一看到客人高举起酒杯，缓缓将美酒倾入口腔，自己心中便犹如波涛泛起，浩浩荡荡。我所体味到的舒适，自以为远远超过了那饮酒的人。如此说来，天下喜爱饮酒的，恐怕又没有超过我的了。我一直认为人生最大的快乐，莫过于身无病而心无忧，我就是一个既无病且无忧的人。我常常储备有一些优良药品，而且也极善酿酒。有人说，你这人既无病又不善饮，却要预备许多药和酒，这是为何？我笑着对他说：病者得药，我也随之轻体；饮者醉倒，我也一样酣适。

东坡不爱饮酒，但爱吃猪肉。有人烧好猪肉请他去吃，等他到场，而肉却已被人偷吃，他曾戏作小诗以记其事：“远公沽酒饮陶潜，佛印烧猪待子瞻。采得百花成蜜后，不知辛苦为谁甜？”东坡自己也会烹肉，他在黄州写过一首《食猪肉》诗，谈到了自己独到的烹调技法：“黄州好猪肉，价钱如粪土。富者不肯吃，贫者不解煮。慢著火，少著水，火候足时他自美。”后人将他创制的这道菜称为“东坡肉”，名虽欠雅，可要找到更贴切的名字，也不大容易。

宋代江南流行“拼死吃河豚”的话，东坡先生虽不是江南人，也不怕冒此风险。宋人孙奕的《示儿编》记有这样一事：东坡谪居常州时，极好吃河豚，有一士人家烹河豚极妙，准备让东坡来尝尝他们的手艺。苏东坡入席后，这士人的家眷都藏在屏风后面，想听听这苏学士如何品题。只见这位客人光顾埋头大嚼，并无一句话出口，这使家人十分失望。失望之中，忽听东坡大声赞道：“也值得一死！”是说吃了这美味，死了也值得。河豚因为有毒，所以一些人不大敢吃它；又因味道绝美，又使许多人馋涎欲滴。人们摸索出许多洗割烹制河豚的方法，关键在于去毒。

虽然如此，苏东坡并不是一个一心追求美味的人，他晚年力主蔬食养生的学说，可以算是切身的体验。他的《送乔仝寄贺君》一诗，有两句是这样写的：“狂吟醉舞知无益，粟饭藜羹问养神”，他拿着自己的经验去劝诫别人。在《东坡志林》中，有一篇《养生说》，体现了苏东坡的饮食观。东坡说：“已饥方食，未饱先止。散步逍遥，务令腹空。当腹空时，即便入室，不拘昼夜，坐卧自便，唯在摄身，使如木偶。”要在腹空时安静地待在室里，数它四万八千下，这样就能“诸病自除，诸障渐灭”。东坡提倡止欲养生法，在另一篇小记中，题目即为“养生难在去欲”。在《赠张鹗》一笺中，苏东坡开列了养生“四味药”：“一曰无事以当贵，二曰早寝以当富，三曰安步以当车，四曰晚食以当肉。夫已饥而食，蔬食有过于八珍。而既饱之余，虽刍豢满前，惟恐其不持去也。”强调清心寡欲，做适量运动以养身。苏东坡还有一篇《记三养》说：“东坡居士自今日以往，不过一爵一肉。有尊客，盛馔则三之，可损不可增。有召我者，预以此先之，主人不从而过是者，乃止，一曰安分以养福，二曰宽胃以养气，三曰省费以养财。”在晚年他越感到摄生的重要，下决心在平日一天不过一杯酒一盘肉；来了客人盛馔不过三盘，可少不可多；有人邀请，先把自己的进餐标准告诉主人，主人不听而筵宴过于丰盛，那就罢宴。这种养福、养气、养财的三养论，是东坡先生64岁时才悟出的道理。他的这种节食制欲的决心不知是否下晚了一些，正当他要彻底改变自己老饕的本性时，却在65岁时于常州去世了。

像苏东坡这样提倡节食养生的人，在宋代非止一二，在宋人的一些著作中，也常常可以读到与东坡先生相似的论点。如沈作哲的《寓简》说：“以饥为饱，如以退为进乎！饥未馁也，不及饱耳。已饥而食，未饱而止，极有味，且安乐法也。”他将食不过饱，作为一种安乐法来施行。张耒也反对饱食，他在晚年务平淡，口不言贫，在所著《续明道杂志》一书中，还列举了当时几个少食得长生的例子。他说，我看到不少老人饮食很少，如内侍张茂则，每餐不过粗饭一盏许，浓腻食物绝不沾口，老而安宁，活了80多岁。张茂则还常常劝告别人：“且少食，无大饱。”还有翰林学士王晰，他是食必求精，但不求多，一次吃不足一碗，吃包子也不过一两个，结果也活了80岁，老时更见康强，精神不衰。王学士还曾说："食取补气，不饥即已。饱生众疾，至用医物消化，尤伤和也。"吃得过饱，易生百病，确为至理名言。又如秘监刘几，食物更是淡薄，仅饱即止，也活到了 80 岁。这刘几不同之处在于他喜欢饮酒，每饮完酒就不再饭食，只吃一点水果而已。

斗茶之趣

宋代饮茶风气极盛，茶成了人们日常生活中不可或缺的东西。《梦粱录》云："人家每日不可阙者，柴、米、油、盐、酱、醋、茶。"这是说的南宋临安的情形，也就是后来所说的俗语"开门七件事"，即便贫贱人家，一件也是少不得的。在临安城内，与酒肆并列的就有茶肆，茶馆布置高雅，室中摆置花架，安顿着奇松异桧。一些静雅的茶馆，往往是士大夫期朋约友的好场所。街面上或小巷内，还有提着茶瓶沿门点茶的人，卖茶水一直卖到市民的家中。大街夜市上，还有车担设的"浮铺"，供给游人茶水，这大概属于"大碗茶"之类。

宋人的好茶，比起唐人可谓有过之而无不及。酒中有趣，茶中亦有趣。黄庭坚所作的《品令·咏茶》词，将宋人的烹茶饮茶之趣，写得那样的深沉委婉，是茶词中一篇难得的佳作。词中有句云："味浓香永，醉香路，成佳境。恰如灯下故人，万里归来对影。口不能言，心下快活自省。"饮到美茶，如逢久别的故人，有一种说不清道不明的满足感。

宋人于茶中寻趣，还有斗茶之趣。士大夫们以品茶为乐，比试茶品的高下，称为斗茶。唐庚有一篇《斗茶记》，记几个相知一道品茶，以为乐事。各人带来自家拥有的好茶，在一起比试高低，“汲泉煮茗，取一时之适”。不过，谁要真的得了绝好的茶品，却又不会轻易取出斗试，舍它不得。苏轼的词《月兔茶》即说：

环非环，玦非玦，
中有迷离玉兔儿，
一似佳人裙上月。
月圆还缺缺还圆，
此月一缺圆何年。
君不见斗茶公子不忍斗小团，
上有双衔绶带双飞鸾。

“小团”为皇上专用的饼茶，得来不易，自然就舍不得碾碎去斗试了。斗茶雅事，由士大夫的圈子扩展到茶场，这就成了名副其实的斗试了。盛产贡茶的建溪，每年都要举行茶品大赛，这样的斗茶又多了一些火药味，又称之为“茗战”，用茶叶来决胜负。范仲淹有一首《斗茶歌》，写的正是建溪北苑斗茶，诗云：“北苑将期献天子，林下雄豪先斗美。……斗茶味兮轻醍醐，斗茶香兮薄兰芷。其间品第胡能欺，十目视而十手指。”味过醍醐，香胜兰芷，要在众目睽睽之下决出茶品的高下。

原来建溪的斗茶，是为了斗出最好的茶品，作为贡茶贡到宫中，这样的斗茶大约是很严肃的。斗茶既斗色，也斗茶味、茶形，要进行全面鉴定。陆羽《茶经》说唐茶贵红，宋代则不同，茶色贵白。茶色白宜用黑盏，盏黑更能显出茶的本色，所以宋时流行绀黑瓷盏，青白盏有时也用，但斗试时绝对要用黑盏。宋代黑茶盏在河南、河北、山西、四川、广东、福建等地出土很多，其中有一种釉表呈兔毫斑点的黑盏属最上品，称为“兔毫盏”，十分珍美。

斗茶品味与观色并重，宋代因此涌现出不少品茶高手。品出不同茶叶味道，判断出高低，也许并不是十分困难的事，不过要分辨色、形、味都很接近的品第，却又并不那么容易了，要品出几种混合茶的味道就更不易了。发明制作小龙小凤茶的蔡君谟，怀有品茶绝技，往往不待品饮，便能报出茶名。有一次一个县官请他饮小团茶，其间又来了一位客人，蔡氏不仅品出主人的茶中有小团味，而且还杂有大团。一问茶童，原来是起初只碾了够二人饮用的小团，知道又加了客人后，由于碾之不及，于是加进了一些大团茶。蔡氏的明识，使得县官佩服不已。

斗茶之趣吸引过诗人，也吸引了画家，元代赵孟頫摹有《斗茶图》一幅，可以看做是宋代斗茶的写实。图中绘四人担茶挑路行，相聚斗茶，也许就是四个茶场主，随带的有茶炉、茶瓶、茶盏，看样子马上就要决出高低来了。

斗茶风气的源起，似可上溯到五代时期。五代词人和凝官做到左仆射、太子太傅，位封鲁国公，他十分喜好饮茶，在朝中还成立了“汤社”，同僚之间请茶不请饭。这样的汤社，实际是以斗茶为乐趣。后来宋人斗茶风炽，可能与此有些关联。

宋代不仅有斗茶之趣，还有一种“茶百戏”，更是茶道中的奇术。据《清异录》说：“近世有下汤运匕，别施妙决，使汤纹水脉成物像者，禽兽虫鱼花草之属，纤巧如画，但须臾即就散灭。”用茶匙一搅，即能使茶面生出各种图像，这样的点茶功夫，非一般人所能有，所以被称为“通神之艺”。更有甚者，还有人能在茶面幻化出诗文来，奇上加奇。当时有个叫福全的沙门有此奇功，“能注汤幻茶成一句诗，并点四瓯，共一绝句，泛乎汤表”。这简直近乎巫术了，虽然未必真有其事，但宋人茶艺之精，则是不容怀疑的。

宋代以后，饮茶一直被士大夫们当成是一种高难的艺术享受。历史上对饮茶的环境是很讲究的，如要求有凉台、静室、明窗、曲江、僧寺、道院、松风、竹月等。茶人的姿态也各有追求，或打坐，或行吟，或清谈，或掩卷。饮酒要有酒友，饮茶亦需茶伴，酒逢知己，茶遇识趣。若有佳茗而饮非其人，或有其人而未识真趣，也是扫兴。茶贵在品味，一饮而尽，不待辨味，那就是最俗气不过的了。

九　食饮有仪

1 礼始诸饮食

《礼记·曲礼》曰："入境而问禁，入国而问俗，入门而问讳。"这话成了周代那个崇尚礼仪的社会所奉行的行为准则。尤其对于饮食礼仪，人们态度之严肃，远不是我们当代标榜有现代意识的人所能想象得到的。

《礼记·礼运》说："夫礼之初，始诸饮食。"意思是礼仪产生于饮食活动，饮食之礼是一切礼仪的基础。饮食礼节虽然不是文明社会所独有的现象，它的产生可能与饮食本身大体同时，但文明社会的繁文缛节却远不是野蛮时代所可比拟的。由于文献资料的缺乏，我们对夏商时的饮食礼仪不是太清楚，但至迟在周代，饮食礼仪形成了一套相当完整的制度。饮食内容的丰富，居室、餐具等饮食环境的改善，如何使饮食过程规范化，就成了一个亟待解决的问题。于是，高层次的饮食礼仪自然产生了，与礼仪相关联的一些习惯也逐渐形成了。这些饮食礼俗即使在今天，有相当多的内容还有一定的合理性，所以有许多规范一直保存在现代人的饮食生活中，这也是构成中国饮食文化的重要特征之一。

周代的饮食礼俗，经过儒家后来的精心整理，比较完整的保存在《周礼》、《仪礼》和《礼记》的《曲礼》、《礼器》、《效特性》、《少仪》、《玉藻》等章节中。这里我们简单叙述一下客食之礼、待额之礼、侍食之礼、丧食之礼、进食之礼、侑食之礼、宴饮之礼，由此可见周代饮食礼俗之大端。

客食之礼 作为一个客人，首先，赴宴时入座的位置就很有讲究，要求“虚坐尽后，食坐尽前”。古时无椅、凳之类，席地而坐，在一般情况下要坐得比尊者长者靠后一些，以示谦恭；而饮食时则要尽量坐得靠前一些，靠近摆放馔品的食案，以免食物掉在坐席上。

其次，要求“食至起，上客起”。宴饮开始，馔品端上来时，客人要起立。在有贵客到来时，其他客人都要起立，以示恭敬。如果来宾地位低于主人，必须端起食物面向主人道谢，等主人寒暄完毕之后，客人才可入席落座。

进食之先，等馔品摆好之后，主人引导客人行祭。古人为了表示不忘本，每食之先必拨出各种馔品少许，放在杯盘之间，以报答发明饮食的先人，是谓之“祭”。食祭于板，酒祭于地，等食毕后即撤下。如果在自己家里吃上一餐的剩饭，或是吃晚辈准备的饮食，就不必行祭，称为“馂余不祭”。

享用主人准备的美味佳肴，虽然都摆在面前，而客人却不可随便取用。须得“三饭”之后，主人才指点肉食让客人享用，还要告知客人所食肉物的名称，细细品味。所谓“三饭”，指一般的客人吃三小碗饭后便说吃饱了，须主人再劝而食肉。实际上主要馔品还没享用，何得而饱？这一条实为虚礼。据《礼记·礼器》所云：“天子一食，诸侯再，大夫、士三，食力无数。”这是说天子位尊，以德为饱，不在于食味，所以一饭即告饱，要等陪同进食的人劝食，才继续吃下去。而诸侯王是二饭、士和大夫是三饭而告饱，都要等到再劝而再食。至于农、工、商及庶人，便不受这礼法的约束，所以没有几饭而告饱的虚招，吃饱了便止，正所谓“礼不下庶人”。

宴饮将近结束，主人不能先吃完饭而撇下客人，要等客人食毕才停止进食。主人未饱，“客不虚口”，虚口是指以酒浆荡口，使清洁安食。主人未食毕而客先虚口，便是不恭。

宴饮完毕，客人自己须跪立在食案前，整理好自己所用的餐具及剩下的食物，交给主人的仆从。待主人说不必客人亲自动手，客人才住手，复又坐下。如果是本家人，或是同事聚会，没有主宾之分，可由一人统一收拾食案。如果是较隆重的筵席，这种撤食案的事不能让妇女承担，怕她们力不胜劳，可以推出年轻点的人来干。

待客之礼　主人接待客人的方式，上面已言明一二。及至仆从待客，也有一些很具体的礼节，大意不得。仆从安排筵席，对于馔品的摆放有严格的规定，例如带骨的肉要放在净肉的左方，饭食要放在客人左边，肉羹则放在右边。脍炙等肉食放在外边，醯酱调味品则放在靠人近些的地方。酒浆也要放在近旁，葱末之类可放远一点。如有肉脯之类，还要注意摆放的方向。这些规矩大致上还是切合实际的，主要还是为了取食方便。

食器饮器的安排也毫不含糊。仆从摆放酒尊酒壶等酒器，要将壶嘴面向贵客。端出菜肴时，不能面对客人和菜盘子大口喘气。如果此时客人正巧有问话，仆从回答时，必须将脸侧向一边，避免呼气和唾沫溅到盘中或客人脸上。如果上的菜是整尾的烧鱼，一定要将鱼尾指向客人，因为鲜鱼肉从尾部易与骨刺削离。干鱼则正好相反，上菜时要将鱼头对着客人，干鱼从头端更易于削离。冬天的鱼腹部肥美，摆放时鱼腹向右，便于取食；夏天的鱼鳍部较肥，所以将背部朝右。主人的情意，由此可以见其深厚，可以见其真切。

侍食之礼 陪侍年长位尊者进餐，自己不是主要的客人，主人亲自进馔，则不必出言为谢，拜而食之即可。如果主人顾不上亲自供馔，客人则不拜而食。

陪长者饮酒时，酌酒时须起立，离开坐席面向长者拜而受之。长者表示不必如此，少者才返还入座而饮。如果长者一杯酒没饮尽，少者不得先饮尽。长者如有酒食赐予少者和僮仆等低贱者，他们不必辞谢，地位差别太大，连道谢的资格都不给。

侍食年长位尊的人，少者还得准备先吃几口饭，谓之“尝饭”。虽先尝食，却又不得自个儿先吃饱肚子，必得等尊长者吃饱后才能放下碗筷。少者吃饭时还得小口小口地吃，而且要快些咽下去，准备随时能回复长者的问话，谨防有喷饭的事。

凡是熟食制品，侍食者都得先尝尝。如果是水果之类，则必让尊者先食，少者不能抢先。古来重生食，尊者若赐给你水果，如桃、枣、李子之类，吃完这果子，剩下的果核不能扔下，须怀而归之，否则便是极不尊重的了。如果尊者将没吃完的食物赐给你，若是盛食物的器皿不易洗涤干净，就得先都倒在自己用的餐具中才可食用，贵族们对于个人饮食卫生可真是够讲究的了。

丧食之礼 家国之丧，有丧食之礼。《礼记·问丧》说：“亲始死，三日不举火，故邻里为之糜粥以饮食之。”亲人死去，家里三日不做饭，而由邻里乡亲送些粥来给家属吃。

如果是君王去世，王子、大夫、公子（庶子）、众士三日不吃饭，但以食粥服丧。大夫死了，家臣、室老、子姓都是只能吃粥。鲁悼公死后，季昭子问孟敬子道：“为君王服丧，该吃什么？”敬子说：“那当然是吃粥，吃粥为天下之达礼。”

病人服丧，可以受到一些照顾，不必死守吃粥的规矩。这服丧之礼到了后来，发展到一些孝子终身食粥，连盐菜都要戒绝。当然也有不孝的子孙，祖先去世，依然大肉大鱼不断。现在有的地方办丧事大吃大喝，丧事当成喜事办，那又另当别论了。

进食之礼 进食时无论主宾，对于如何使用餐具，如何吃饭食肉，都有一系列具体的行为准则，这些准则主要有：

共食不饱：同别人一起进食，不能吃得太饱，要注意谦让。

毋咤食：咀嚼时不要让舌在口中作声，有不满主人饭食之嫌。

毋啮骨：不要啃骨头，一是容易发出不中听的声响，使人感到不敬重；二是怕主人感到是否肉不够吃，还要啃骨头致饱；三是啃得满嘴流油，面目可憎可笑。

毋投与狗骨：客人自己不要啃骨头，也不要把骨头扔给狗去啃，否则主人会觉得你看不起他筹措的饮食。

毋固获："专取曰固，争取曰获。"是说不要喜欢吃某一味食物就只独吃那一种，或者争着去吃，有贪吃之嫌。

饭黍毋以箸：吃黍饭不要用筷子，但也不是提倡直接用手抓。食时用匙，筷子是专用于食羹中之菜的，不可混用。

毋刺齿：进食时不要随意剔牙齿，如齿塞须待饭后再剔。周墓中曾出土过很多牙签，并不是绝对禁止剔齿。

当食不叹：吃饭时不要唉声叹气，唯食忘忧，不可哀叹。

对于这些禁条无须加任何评论。中国古代文明的细枝末节，就这样在饮食生活中得到了圆满地体现。

2 孔子提倡的礼食

东周时期许多学派几乎都有与自己学术思想相关

联的饮食理论，这些理论直接影响到整个社会生活。其中有代表性的学派主要有墨家、道家和儒家，其学术代表人物是墨子、老子和孔子。

墨子生活极其俭朴，提倡“量腹而食，度身而衣”。他的学生，吃的是藜藿之羹，穿的则是短褐之衣，与一般平民无异。为了解决社会上“饥者不得食”、“寒者不得衣”和“劳者不得息”的“三患”问题，墨子除提倡社会互助外，又提出积极生产和限制消费的主张，反对人们在物质生活上追求过高的享受，认为只求吃饱穿暖即可。他反对不劳而食，攻击儒家“贪于饮食，惰于作务”。墨家自以夏禹为榜样，自愿吃苦，昼夜不息。而且还造出一条圣王制定的饮食之法，即“足以充虚增气，强股肱，耳目聪明，则止。不极五味之调、芬香之和，不致远国珍怪异物”（《墨子·节用》）。也就是说，墨家不求食味之美、烹调之精，饮食生活维持在低水平。

老子以为发达的物质文明没有什么好结果，主张永远保持极低的物质生活水平和文化水平。老子提倡“节寝处，适饮食”的治身养性原则，比起墨家来，似乎倒退得更远。老子学派的门徒末流既有变而为法家的，也有变为阴谋家的，更有变为方士的，他们以清虚自守，服食求仙，梦想长生。

孔子的饮食思想同他的政治主张一样著名，他把礼制思想融会在饮食生活中，其中一些教条法则直到今天还在起作用。这是因为，就广泛的程度来说，儒家的食教比起道家和墨家的刻苦自制更易为常人接受，尤其易为统治者所利用，后世罢黜百家独尊儒术的事之所以发生，也有着相似的原因。人们认为，儒学就是礼学，孔子所创立的儒学，主要内容为礼乐与仁义两部分。礼实际是统治阶级所规定的一切秩序，亲亲、尊尊、长长、男女有别，是礼的根本，由此制定出无数礼文，用以区别人与人之间复杂关系，确定每一个人应受的约束，不得逾越。乐则是从感情上求得人与人相互间的妥协和中和，使各安本分。礼用以辨异，分别贵贱的等级；乐用以求同，缓和上下的矛盾。礼既始于饮食，饮食发展了，礼仪也会有所变更，但更多的表现出的还是传统的烙印，所以我们可以从现代礼仪中找出两千多年以前的渊源来。

典籍中关于孔子饮食生活的实践内容，比起其他学派的代表人物既丰富又具体。《论语》一书是孔子言行的记录，其中包含不少食教内容，尤以《乡党》一篇，阐述最是精辟。墨家攻击儒家为贪食之徒，其实不能一概而论，孔子就不一定是这样。孔子曾说过："君子食无求饱，居无求安，敏于事而慎于言。"可以看出，他并没有将美食作为第一追求。他还说："士志于道而耻恶衣恶食者，未足与议也！"对于那些有志于追求真理，但又过于讲究吃喝的人，采取不予理睬的态度。可是对苦学而不求享受的人，则给予高度赞扬，他的大弟子颜回被他认为是第一贤人，说："颜回要算是最贤的了！一点食物，一点饮料，身居陋巷，别人都忍受不了，可颜回却毫不在意。贤哉，颜回！"孔子自己所追求的也是一种平凡的生活，即粗饭蔬食，曲肱而枕之，乐在其中。

孔子的饮食生活确也有讲究之处，只要环境允许，他还是不赞成太随便。饮食注重礼仪礼教，讲究艺术和卫生，成为孔子行为的饮食准则。如以下诸条就是他所身体力行的：

食不厌精，脍不厌细：要求饭菜做得越精细越好，并不指一味追求美食。

食饐而餲，鱼馁而肉败，不食：不吃那些变质的饭食和腐败的鱼肉。

色恶，不食；臭恶，不食：烹饪不得法，菜肴颜色不正、气味不正，都不吃。

不时，不食：如果不是在常规进餐时间，不吃东西，也即不吃零食，免伤肠胃。

割不正，不食：切割不得法的食物，也不吃。

不得其酱，不食：各类肉食都配有规定的肉酱，没有所需的酱便不吃肉。这颇有贵族风度，孔子因此而受到不少责难。

食不语，寝不言：吃饭睡觉不要说话，为的是吃得卫生，睡得安稳。饭桌上高谈阔论，唾沫横飞，非但不雅，更为不洁。

圣人孔子对于自己的一大套饮食说教，大部分是身体力行的。有时赴宴，主人不按礼仪接待他，他也以无礼制非礼。不合礼法，给肉鱼也不吃；若以礼行事，蔬食也当美餐。《吕氏春秋·遇合》说，孔子听说周文王爱吃菖蒲菹，自己也皱着眉头吃那味道极不宜人的东西，三年之后才习惯了那怪味。为了体会周礼的精髓，孔子不惜受三年的苦熬，去吃那并无美味的食物，他也真是够实在的。

孔子活着的时候，齐国的晏婴说他礼节繁盛，几辈子也学不完。以孔子为代表的儒家的饮食思想与观念是古代中国饮食文化的核心，它对中国饮食文化的发展起着不可忽视的指导作用。儒家所追求的平稳社会秩序的思想，也充分体现在饮食生活中，这也就是他们所倡导的礼乐的重要内涵所在。

3 饮酒仪节

酒之为物，因为酒精的缘故，能令人精神兴奋，又使人神志恍惚，兼有兴奋剂和麻醉剂的作用，真是奇妙。胆怯者饮它壮胆，愁闷者饮它浇愁，礼会者饮它成礼，喜庆者饮它庆喜。但要是分寸掌握不好，酒饮过了头，恐怕就要乐极生悲，愁上加愁，那就事与愿违了。

西周时代开始，已建立了一套比较规范的饮酒礼仪，它成了那个礼制社会的重要礼法之一。西周饮酒礼仪可以概括为四个字：时、序、效、令。时，指严格掌握饮酒的时间，只能在冠礼、婚礼、丧礼、祭礼或喜庆典礼的场合下进饮，违时视为违礼。序，指在饮酒时，遵循先天、地、鬼、神，后长、幼、尊、卑的顺序，违序也视为违礼。效，指在饮时不可发狂，适量而止，三爵即止，过量亦视为违礼。令，指在酒筵上要服从酒官意志，不能随心所欲，不服也视为违礼。

正式筵宴，尤其是御宴，都要设立专门监督饮酒仪节的酒官，有酒监、酒吏、酒令、明府之名。他们的职责，一般是纠察酒筵秩序，将那些违反礼仪者撵出宴会场合。不过有时他们的职责又不是这样，常常强劝人饮酒，反而要纠举饮而不醉或醉而不饮的人，以酒令为军令，甚至闹出人命案来。如《说苑》云，战国时魏文侯与大夫们饮酒，命公乘不仁为“觞政”，觞政即是酒令官。公乘不仁办事非常认真，与君臣相约：“饮不嚼者，浮以大白”，也就是说，谁要是杯中没有饮尽，就要再罚他一大杯。没想到魏文侯最先违反了这个规矩，饮而不尽，于是公乘不仁举起大杯，要罚他的君上。魏文侯看着这杯酒，并不理睬。侍者在一旁说：“不仁还不快快退下，君上已经饮醉了。”公乘不仁不仅不退，还引经据典地说了一通为臣不易、为君也不易的道理，理直气壮地说：“今天君上自己同意设了这样的酒令，有令却又不行，这能行吗?”魏文侯听了，说了声“善!”端起杯子便一饮而尽，饮完还说：“以公乘不仁为上客”，对他称赞了一番。

又据《汉书·高五王传》说，齐悼惠王次子刘章，也是一个刚烈汉子，办事认真果敢。有一次他侍筵宫中，吕后令他为酒吏，他对吕后说：“臣为将门之后，请允许以军法行酒”，吕后不假思索便同意了。所谓以军法行酒，也就是要严字当头，说一不二。等酒饮得差不多了，刘章唤歌舞助兴，这时吕后宗族有一人因醉逃酒，悄悄溜出宴会大殿。刘章发现以后，赶紧追出去，拔出长剑斩杀了那人。他回来向吕后报告，说有人逃酒，我按军法行事，割下了他的头。吕后和左右听了，大惊失色，但因已许刘章按军法行酒，一时也无法怪罪他，一次隆重的筵宴就这样不欢而散。刘章此举，固然有宫廷内争为背景，但酒筵上酒吏职掌之重，在这里确实也表现了出来。

刘章这种对醉人也不轻饶的酒吏，历史上并不止他一个。《三国志·吴书·孙皓传》说：孙皓每与群臣宴会，“无不咸令沈醉”，每个人都要饮醉，这倒是不多见的事。为达此目的，酒筵上还特别指派了负责督察的黄门郎十人，名之曰“司过之吏”，也就是酒吏。这十人不能喝酒，要保持清醒的头脑，侍立终日，仔细观察赴宴群臣的言行。散筵之后，十人都向孙皓报告他们看到的情形，“各奏其阙失，迕视之咎，谬言之愆，罔有不举。大者即加威刑，小者辄以为罪”。又要让你大酩酊醉，醉后又不许胡语失态，也太荒唐了。早年孙权也有过类似荒唐的举动，《三国志·吴书·张昭传》说，孙权在武昌临钓台饮酒大醉，命宫人以湖水洒群臣，命群臣酣饮至醉，而且要醉倒水中才能放下杯子。玩这样的花样，恐怕得多设几个监酒者才行。

任何事物都有两重性，都可以向相反的方面演化。酒吏职掌的两面性，非常有力地说明了这一点。不过历史上明令非要大醉的筵宴并非很多，应该说大都还是讲究礼仪的。古人饮酒，倡导“温克”，即是说虽然多饮，也要能自持，要保证不失言、不失态。《诗经·小雅·小宛》即云：“人之齐圣，饮酒温克。”《诗经》有诗章对饮酒不守礼仪的行为进行批评，如《宾之初筵》就严厉批评了那些不遵常礼的酒人，他们饮醉后，仪容不整，起坐无时，舞蹈不歇，狎语不止，狂呼乱叫，衣冠歪斜。也提到要用酒监、酒吏维持秩序，保证有礼有节地饮酒，教人不做“三爵不识”、狂饮不止的人。

所谓“三爵不识”，指不懂以三爵为限的礼仪。《礼记·玉藻》提及三爵之礼云：“君子之饮酒也，受一爵而色洒如也，二爵而言言斯，礼已三爵而油油以退，退则坐。”经学家注“洒如”为肃敬之貌，“言言”为和敬之貌，“油油”为悦敬之貌，都是彬彬有礼的样子。也就是说，正人君子饮酒，三爵而止，饮过三爵，就该自觉放下杯子，退出酒筵。所谓三爵，指的是适量，量足为止，这也就是《论语·乡党》所说的“唯酒无量不及乱”的意思。

唐人饮酒，少有节制。大概从宋代开始，人们比较强调节饮和礼饮。至清代时，文人们著书立说，将礼饮的规矩一条条陈述出来，约束自己，也劝诫世人。这些著作名为《酒箴》、《酒政》、《肠政》、《酒评》等。清人张晋寿《酒德》中有这样的句子：“量小随意，客各尽欢，宽严并济，各适其意，勿强所难。”可以看到清代一般奉行的礼饮规范的具体内容。

4 饮食须知

元代宫廷饮膳太医忽思慧，著有《饮膳正要》三卷，主要叙述元代贵族食谱和饮食宜忌等内容。一些研究者认为，本书是为帝王及贵族们写的，是为了告诉他们如何在享乐中养生，如何以食疗疾，这当然是有道理的。不过这其中的奥妙也未必只有贵族们才能体味出来，至少忽思慧所提到的一系列饮食原则对普通大众也都是适用的。

忽思慧在他著作的序言中说："虽饮食百味，要其精粹，审其有补益助养之宜、新陈之异、温凉寒热之性、五味偏走之病。若滋味偏嗜，新陈不择，制造失度，俱皆致疾。可者行之，不可者忌之。如孕妇不慎行，乳母不忌口，则子受患。若贪爽口忘避忌，则疾病潜生而终不悟。百年之身，而忘于一时之味，其可惜哉！"说饮食如药，性味不同，弄得不好，不仅无益，反而给身体造成危害。在"养生避忌"一节中，忽思慧较全面地阐述了自己关于人体保健方面的见解。他说："善服药者不若善保养，不善保养不若善服药。"指出治病首先要防病。接着他又说："善摄生者，薄滋味，省思虑，节嗜欲，戒喜怒，惜元气，简言语，轻得失，破忧阻，除妄想，远好恶，收视听，勤内固。不劳神，不劳形，形神既安，病患何由而致也？故善养性者，先饥而食，食勿令饱；先渴而饮，饮勿令过；食欲数而少，不欲顿而多（意为少吃多食）。盖饱中饥，饥中饱，饱则伤肺，饥则伤气。若食饱不得便卧，即生百病。"他强调了身体与精神两方面的保健，这是很难得的，也是极科学的。忽思慧还提出了一系列具体的饮食保健措施，如：

凡热食有汗，不能当风坐卧，易患痉病、头痛、目涩、多睡。

食毕即以温水漱口，令人无齿疾口臭。

一日之忌暮勿饱食，一月之忌晦勿大醉，一岁之忌暮勿远行。

食勿言，寝勿语，恐伤气。

不饮空腹茶，不吃申后粥。申指下午三点至五点。饮食“朝不可虚，暮不可实”。这与现代科学家们提倡的早晨要吃饱，晚上要吃少的原则完全一致。

烂煮面，软煮肉。少饮酒，独自宿。

忽思慧的书中既开列有奇珍异馔，也有许多保健饮食方和食疗方，还有抗衰老的药膳以及食物中毒缓解方法。在最后一卷，分列着各种食物的性味、疗效及禁忌。饮食禁忌也是很早就产生的一门学问，随着人们对各类食物的性味的认识不断加深，它的内容也越来越丰富，越来越庞杂。这门学问对统治者们的重要程度，远远超过了平民百姓，实际上学问之所以能发展起来，也多半是为了适应统治者需要的缘故。

说到饮食禁忌，元代的贾铭写过一部《饮食须知》，不可不提及。这书共八卷，专论饮食的性能与禁忌。该书将食物分为谷物、菜蔬、瓜果、调味品、水产、禽鸟、走兽共七类，另外还有相关的水火一类，每类立一卷，分别叙述各类食物的禁忌。

在水火卷中，列有雨水、井水、冰水、海水、露水、开水、艾火等项。据贾铭说，腊雪水密封阴凉处，数年不坏，腌藏一切果实，永不会虫蛀。他还说，人不可饮半滚水，令肚胀，损元气；酒中饮冷水，令人手颤；酒后饮冷茶，成酒癖。

在谷物卷，列米豆类共三十多种。其中提到胡麻蒸制不熟，食后令人脱发；绿豆共鲤鲊久食，令人肝黄；豆花可解酒毒。

菜蔬卷列家蔬野菜共七十多种，贾铭说："葱多食令人虚气上冲，损头发，昏人神志；大蒜多食生痰，助火昏目；秋后食茄子损目，同大蒜食发痔漏；刀豆多食令人气闷头胀；绿豆芽多食发疮动气；黄瓜多食损阴血，生疮疥，令人虚热上逆。"

瓜果卷列果品瓜类共五十余种。贾铭提到，杏子不益人，生食多伤筋骨，多食昏神，发疮痈，落须眉；生桃损人，食之无益；枣子生食令人热渴膨胀，损脾元，助湿热；柿子多食发痰，同酒食易醉；樱桃多食令人呕吐，伤筋骨，败血气；西瓜胃弱者不可多食，作吐利；椰子浆食之昏昏如醉，食其肉则不饥，饮其浆则增渴。

在调味品卷，贾铭指出，盐多食伤肺发咳，令人失色损筋力；麻油多食滑肠胃，久食损人肌肉；川椒多食，令人乏气伤血脉；茶久饮令人瘦，去脂肪。

水产品卷中列有鱼类等六十多种，贾铭说，鲟鱼多食动风气，久食令人心痛腰痛；鳖肉同芥子食，生恶疮；淡菜多食令人头目昏闷，久食脱人发；海虾同猪肉食，令人多唾。

在禽鸟卷和走兽卷共列动物七十多种，主要禁忌例子有：鸭肉滑中发冷利，患脚气人勿食；燕肉不可食，损人神气；鸳鸯多食，令人患大风病；狗肉同生葱蒜食损人，炙食易得消渴疾；驴肉多食动风，同猪肉食伤气；兔肉久食绝人血脉，损元气，令人萎黄；误食老鼠骨，令人消瘦。

读完《饮食须知》，似乎让人有些不知所措了，这也不能吃，那也不能尝，好像吃什么都会有副作用。读者应当明白，贾铭着重讲的是禁忌，主要是对那些身体不大健康的人来说的，常人大可不必谨小慎微。再说，一般的食物性味都比较平和，不会对人造成意想不到的伤害。

明代高濂《遵生八笺》卷十有一篇《饮食当知所损论》，谈到了明代文人的饮食之道，其中不少内容都是前人的经验之谈。高濂说：

> 饮食所以养生，而贪嚼无忌，则生我亦能害我。况无补于生，而欲贪异味以悦吾口者，往往隐祸不小。意谓一菜一鱼，一肉一饭，在士人则为丰具矣。
>
> 吾意玉瓒琼苏，与壶浆瓦缶同一醉也；鸡跖熊蹯，与粝饭藜蒸同一饱也。醉饱既同，何以侈俭各别？
>
> 养性之术，常使谷气少，则病不生矣。
>
> 谷气且然，矧五味餍饫为五内害哉！

这里说的都是饮食要从俭，不必贪多贪好，吃多了反会妨害身体健康。此外，还要十分注意饮食卫生，高濂对此有较多的道理：

凡食，先欲得热食，次食温食暖食，次冷食。食热、温食讫，如无冷食者，即吃冷水一两咽甚妙。若能恒记，即是养生之要法也。凡食，欲得先微吸，取气咽一两咽乃食，主无病。

饱食无大语。大饮则血脉闭，大醉则神散。……

饱食讫即卧，病成背疼。饮酒不宜多，多即吐，不佳。醉卧不可当凉风，亦不可用扇，皆损人。……醉不可强食，令人发痈疽生疮。

凡食，皆熟胜于生，少胜于多。……热汗出勿洗面，令人失颜色，面如虫行。食热食讫，勿以醋浆漱口，令人口臭及血齿。

食宜常少，亦勿令虚。不饥强食则脾劳，不渴强饮则胃胀。冬则朝勿令虚，夏则夜勿令饱。饱食勿仰卧，成气痞。食后勿就寝，生百疾。凡食，色恶者勿食，味恶者勿食，失饪不食，不时不食。

后面这几句话，显然是孔子的发明。孔子的这个道理历来都受到美食家们的重视，尽管这话里透出一种贵族气息。

清人袁枚有“戒单”，为饮食者和厨师的戒律，其中以下几则还是别有道理的。

戒耳餐。耳餐指“贪贵物之名，夸敬客之意”。很多人“不知豆腐得味远胜燕窝，海菜不佳不如蔬笋”。鸡、猪、鱼、鸭，可称“豪杰之士”，各有本味，自成一家。而海参、燕窝好似“庸陋之人”，全无性情，还得靠别的东西来提味。如果徒装体面，大摆阔气，不如在碗里放上明珠百粒，价值倒高，却吃它不得。

戒目食。目食指一味贪多，累盘叠碗，菜肴满桌。这样就好似不懂“名手写字，多则必有败笔；名人作诗，烦则必有累句”的道理。即便是名厨，一日能做出的好菜，不过四五味而已，要摆满一桌又如何能样样精好？就是多有几个帮手，也会各执已见，越多越坏事。肴馔杂乱无章，气味不正，让人看了不会有愉悦的感受。

戒穿凿。食物都有自己的本性，不可矫揉造作，应当顺其自然。像本来很好的燕窝，何必将它捶成丸子？海参也很好，又何必熬成酱吃？切开的西瓜，放的时间一长就会失去鲜味，却还有人拿它作糕点的配料。苹果熟透了，吃起来会没了脆劲，可有人把它蒸熟后做成果饯，都是很不适用的。

戒暴殄。不珍惜人力为暴，不爱惜物力为殄。鸡、鸭、鹅、鱼，从首至尾都可食用，不必少取多弃。有人烹甲鱼专取裙边，却不知味在肉中；蒸鲥鱼专取鱼肚，却不懂鲜在背鳍。“至于烈炭以炙活鹅之掌，剸刀以取生鸡之肝，皆君子所不为也。物为人用，使之死，可也；使之求死不得，不可也。”

戒强让。设宴请客，本是一种礼节。一桌菜摆上，理应由客人自己选择。各有所好，听从客便，何必强劝呢？主人常常用筷子夹许多菜堆到客人面前，硬让客人吃下去，令人生厌。致使发生过这样的事：有一好客而菜又不佳的主人，一个劲地往客人碗里夹菜，逼得客人无法，竟跪在主人面前，请求主人以后请客时再不要邀请他了。赴这种宴会，犹如受罪。

戒落套。官场上的菜，名号有十六碟、八簋、四点心之称，有满汉全席之称，有八小吃之称，有十大菜之称。这些俗名在官场上作敷衍还行，如果家居宴客，吟诗唱和，万不能用这一套。必得用大大小小的盘碗，上菜有整有散，才显出名贵的气氛。

袁枚提出的一系列烹饪与饮食原则，不少都是针对当时的流弊而言的。我们不难看出，袁枚的主张大都是合理的，其中有很多内容在今天仍然应受到人们的重视。

十 美食美器

土陶生辉

中国陶器的出现，大体有上万年的历史。在经过约2000年的发展以后，陶器制作就达到很高水平，精制的彩陶出现了。彩陶不宜作炊器，可以作水器和食器等，一些大型彩陶器应当是在特定场合使用的饮食器。

彩陶是史前时代最卓越的艺术成就之一，是人类艺术史上的一块丰碑。在中国最早对陶器进行彩绘装饰的，是白家村文化居民，但当时的彩陶还只有非常简单的图案，色彩也比较单一。后来的仰韶文化居民大大发展了彩陶艺术，马家窑文化居民将这一艺术的发展推向了顶峰，制作出许多精美的彩陶作品。新石器时代彩陶是史前人审美情趣的集中体现，也是史前艺术成就的集中体现，有些研究者特别称之为“彩陶文化”。

黄河流域是世界上的彩陶发祥地之一。由于黄土地带的土质呈黏性，色纯，用它制成的陶器对彩绘来说是十分理想的地色。因此，生活在渭水流域黄土塬上的新石器时代先民最先在陶器上施用了色彩。以黄土地带为主要分布区的仰韶文化，它的彩陶在中国新石器时代彩陶中占有十分重要的地位。仰韶文化前期彩陶以红地黑彩为主要特色，纹饰多为动物形及其变体，具有浓厚的写实风格。还有不少几何形纹饰，纹饰线条多采用直线，纹饰复杂而繁缛，代表了黄河流域彩陶的主流。后期又出现了白衣黑彩，依然能见到写实图案母题，更多见到的是花瓣纹与垂弧纹等，纹饰线条多采用弧线，纹饰比较简练。

半坡居民和庙底沟居民的彩陶都盛行几何图案和象形花纹，纹样的对称性较强。发展到后来，纹饰格调比较自由，内容增多，原来的对称结构发生了一些明显变化。半坡居民的彩陶流行用直线、折线、直边三角组成的几何形图案和以鱼纹为主的象形纹饰，主要绘制在钵、盆、尖底罐和鼓腹罐上。象形纹饰有鱼、人面、鹿、蛙、鸟和鱼纹等，鱼纹常绘于盆类陶器上，被研究者视为半坡居民的标志。鱼纹一般表现为侧视形象，有嘴边衔鱼的人面鱼纹、单体鱼纹、双体鱼纹、鸟啄鱼纹等。在有的器物上，写实的鱼、鸟图形与三角、圆点等几何纹饰融为一体，彩纹富丽繁复，寓意深刻。

庙底沟居民的彩陶常见于盆、钵和罐，增加了红黑兼施和白衣彩陶等复彩，纹饰显得更加亮丽。彩绘的几何纹以圆点、曲线和弧边三角为主，图案显得复杂繁缛，其中以研究者所称的“阴阳纹”彩陶最具特色。庙底沟几何纹彩陶主要表现为花卉图案形式，它是庙底沟彩陶的一个显著特征。庙底沟彩陶的象形题材主要有鸟、蟾和蜥蜴等，不见半坡彩陶的鱼纹。鸟纹占象形彩陶中的绝大多数，鸟形的种类有燕、雀、鹳、鹭等。鸟姿多样，有的伫立张望，有的振翅飞翔，还有的伺机捕物或奋力啄食。

发现彩陶数量最多的是马家窑文化，出自黄河上游地区的彩陶色彩鲜丽，常常是红、褐、黑、白数彩并用。彩陶纹样也十分丰富，具有相当复杂的图案组合形式，常见的纹样有涡纹、波纹、同心圆、平行线、网格纹、折线、齿带纹等，陶工手下的彩绘线条流畅多变，具有较强的动感。

大汶口文化的彩陶在发现数量上不能算多，但所用色彩比较丰富，有黑、白、红、赭诸色。纹饰构图倾向于图案化，纹样有网格纹、花瓣纹、八角星纹、折线、涡纹，全部为几何形纹饰。有些纹饰与仰韶文化有一定的联系，表现出两种文化之间的一种特别的关系，如两者的花瓣纹就非常相像，不是行家是难以将它们区分开的。

彩陶不仅仅是将粗糙的陶器变得多姿多彩了，丰富的纹饰也不是陶工们随心所欲的作品，而是那个时代精神的表露，是人类情感、信仰的真情流露。考古已经发现了许多新石器时代的彩陶艺术珍品，它们的纹样有的让我们一看便似乎能明了其中的意义，有的却又让我们百思不得其解，任你众说纷纭，它依然还是一个个未解之谜。例如仰韶居民在彩陶上描绘的人面鱼纹，在关中和陕南地区都有发现，基本构图都比较接近，圆圆的脸庞，黑白相间的面色，眯缝的眼，大张的嘴，尖尖的帽子，左右有鱼形饰物。这人面鱼纹的含义，就深藏着一个远古之谜。

2 礼器青铜

青铜时代在贵族阶层主要使用青铜器作饮食器具。青铜炊煮器主要有鼎、甗、鬲三种，都是新石器时代就有的器形。其中鼎又是重要的盛食器，有方形和圆形两种。殷墟妇好墓还出土过一件汽锅，中间有一透底的汽柱，柱顶铸成镂空的花瓣形，十分雅致。这类汽锅可能在商代前就发明了，它本身代表着一种高水平的烹饪技巧，说明人们对蒸汽能早就有了深入的认识。商代的盛食器有圆形的簋和高柄的豆，水器则有盘、缶和罐等。酒器有饮酒的爵、觚，盛酒的觥、樽、方彝、壶等。一般的庶民阶层所用器皿大多为陶制，但造型却与青铜器相似，他们死后，照例少不了在墓中随葬一两件陶爵陶觚等酒器，以表明他们饮酒的嗜好。

西周早期的青铜饮食器具，基本都是商代同类器的沿袭，造型上没有多大改变，用途也基本相同。西周中晚期，不论器物的种类还是造型，都出现了一些明显的变化，尤其是编钟的出现，最终确立了贵族们钟鸣鼎食的格局。西周时贵族阶层中还十分流行一种铜温鼎，这既可看做是炊具，更是一种食器。这种鼎容积不大，高一般不过20厘米，鼎下有一个盛火炭的铜盘。还有一种习惯上称为方鬲的铜器，下面也有一个容炭的炉膛，与温鼎用途相同。这种鼎和鬲主要当是用于食羹的，羹宜热食。它只供一个人使用，所以体积不用太大，与现代小火锅颇有相似之处。

考古所见商周青铜器，它们的造型、装饰，多给人庄重神秘的感觉。它们多是用于各种祭典中通神的礼器。

3 漆器流光

早在新石器时代，人们将多变的色彩引入到饮食生活当中，制成了彩陶饮食器具。彩陶衰落了，在铜器时代到来的同时，漆器时代也开始了。漆器工艺在夏商时代就已发展到相当高的水平，到东周时上层社会使用漆器已相当普遍。秦汉之际，漆器制作便已达到历史的顶峰，漆器已成为中等阶层的必需品。大约从战国中期开始，高度发达的商周青铜文明呈衰退之象，这与漆器工艺的发展恐怕不无关系。人们对漆器的兴趣，高出铜器不知几倍，过去的许多铜质饮食器具大都为漆器所取代。

中国古代的饮食器具，战国至两汉之际流行使用漆器。制漆原料为生漆，是从漆树割取的天然液汁，主要由漆酚、漆酶、树胶质及水分构成。生漆涂料有耐潮、耐高温、耐腐蚀功能。漆器多以木为胎，也有麻布做的夹纻胎，精致轻巧。漆器有铜器所不有的绚丽色彩，铜器能作的器型，漆器也都能作出。长沙马王堆三座汉墓出土漆器有700余件之多，既有小巧的漆匕，也有直径53厘米的大盘和高58厘米的大壶。漆器工艺并不比铜器工艺轻简，据《盐铁论·散不足篇》记载，一只漆杯要花用百个工日，一具屏风则需万人之功，说的就是漆工艺之难，所以一只漆杯的价值超过铜杯的十倍有余。漆器上既有行云流水式的精美彩绘，也有隐隐约约的针刺锥画，更珍贵的则有金玉嵌饰，装饰华丽，造型优雅。漆器虽不如铜器那样经久耐用，但其华美轻巧中却透射出一种高雅的秀逸之气，摆脱了铜器所造成的庄重威严的环境气氛。因此，一些铜器工匠们甚至乐意模仿漆器工艺，造出许多仿漆器的铜质器具。

中国漆器工艺经历代发展，达到很高水平。唐代漆器达到了空前的水平，有堆漆，螺钿器，有金银平脱器和剔红漆器。两宋至明清时期漆器更有一色漆、罩漆、描漆、描金、堆漆、填漆、雕填、螺钿、犀皮、剔红、剔犀、款彩、炝金、百宝嵌等工艺。炝金、描金等漆工艺，对日本等地的漆器业产生过很大影响。

4 金樽银盏

将黄金白银制成饮食器具，其历史虽然可以上溯到2500年以前，然而它的发展却相当缓慢，这主要是由于金银的稀有和珍贵。直到进入唐代，金银器的制作和使用才在上层社会得到普及，甚至形成一股不小的风潮。

早在西汉时期，方士李少君就曾建议汉武帝刘彻用黄金制作饮食器皿，说“黄金成，以为饮食器则寿。溢寿则海中蓬莱仙人可见，见之封禅则不死”（《史记·武帝纪》）。这种以金银器求长生不死的思想，也本能的为唐代统治者所接受。既能满足骄奢淫逸的生活，又能满足保命千秋的心理，于是金银器便成了统治者们营求不倦的法宝。

唐代长安设有相当规模的官办金银作坊院，从各地以徭役形式征调许多技艺熟练的工匠。作坊院制成的大量金银器，充斥到社会生活的许多方面。统治者常以贵重的金银器作为赏赐，用以笼络人心。如翰林学士王源中与其兄弟们踢了一场毬，文宗皇帝李昂一时兴起，一次便赐给他美酒两盘，每盘上置有十只金碗，每碗容酒一升，“宣令并碗赐之”，不仅赐酒，连盛酒的二十只金碗也一起赐给了王源中等人。玄宗李隆基更是慷慨，他曾因为有人为他敲了一阵羯鼓，而赐给那人金器一整橱；又因为有人为他跳了一曲醉舞，而赐给那人金器五十物。高宗李治想立武则天为皇后，不料宰相长孙无忌屡言不妥，于是“帝乃密遣使赐无忌金银宝器各一车，绫绵十车，以悦其意”（《旧唐书·长孙无忌列传》）。悄悄地用这么多金银财宝送人，这不大像是赏赐，实际是行贿。皇上贿赂大臣，历史上还真不多见。

臣下为升官邀宠，常常要向皇帝贡奉大批金银器皿，而且在这些器皿上镌有进贡者的姓名和官衔。每逢大年初一，皇上命人将这些贡品陈设于殿庭，作为考查官吏政绩的重要依据。这样做的结果，使得各地官吏肆意搜刮民财，竞相打造金银器进奉。大臣王播在被罢却盐铁转运使一职后，为谋求复职，他广求珍异进奉。敬宗李湛给他复职后，他在进京朝见时，一次就进奉给敬宗大小银碗3400件，结果又被加封为太原郡公。

几十年来，从地下出土的唐代金银器已有千件以上，其中以都城长安遗址附近所见最多，印了文献上记载的事实。有许金银器皿都是被作为窖藏埋入地下的，大多是因为意外的事变使得主人没有可能再将它们挖掘出来。有时一个埋藏地点可发现200多件精美的器具，数量相当惊人。

出土的金银器皿中，大多为饮食用具，主要有盘、碟、碗、杯、茶托、盆、酒注、壶、罐、盒等。这些器大多都装饰有精美的纹饰，工艺水平极高。其中有一些银器刻饰鎏金花纹，尤为精巧，称为“金花银器”，这是唐代以前所未曾出现的新兴金银工艺佳品。

1970年西安南郊何家村发掘出一座唐代窖藏，一次就出土金银器270件，包括碗62件、盘碟59件、环柄杯6件、高足杯3件、铛4件、壶1件、锅6件、盒28件、石榴罐4件、盆6件、罐6件等，绝大部分都是饮食用具，是一次空前的发现。在其他地点的一些唐代墓葬中，也见到一些随葬的金银器，证实唐代上层社会生活中普遍使用过金银器皿。

唐代的食器值得提到的还有秘色瓷。秘色瓷一般是指越窑青瓷。它是专门为皇室和贵族烧制的一种薄胎、釉层润泽如玉的瓷器精品，其釉色有青绿、青灰、青黄等几种。烧造时间自唐至宋，五代和北宋初年是其发展高峰时期。最早提到秘色瓷的是唐人陆龟蒙的《秘色越器》诗，诗中有“九秋风露越窑开，夺得千峰翠色来”的句子，用“千峰翠色”来形容其釉色。但人们一直并不知秘色瓷究竟是什么样，20 多年前陕西扶风法门寺地宫出土了一批秘色瓷器，遂使真相大白。法门寺出土的秘色瓷器共有十余件，是唐代皇帝作为供品奉献给释迦牟尼“佛骨舍利”的稀世之珍。釉色以青绿色为主，也见黄釉带小冰裂纹。釉色纯正，釉质晶莹润彻，釉层富透明感。个别器物在口沿和足底镶嵌银扣或以平托手法装饰鎏金的镂空花鸟团花，更显典雅华贵。地宫出土《物帐》对秘色瓷有明确记述，人们由此看到了典型秘色瓷的真面目。

隋唐时代的饮食器皿，比较珍贵的除了金银制品和秘色瓷外，还有玉石、玛瑙、玻璃和三彩器。有一些下玻璃器可能是西域来的商品，唐人诗句中的“夜光杯”，大约也包括这类玻璃器。如王翰《凉州词》：“葡萄美酒夜光杯，欲饮琵琶马上催”。葡萄酒和夜光杯，作为异国情调很受唐人推崇。《太真外传》说，杨贵妃“持玻璃七宝杯，酌凉州所献葡萄酒”，说明宫中极为看重玻璃器。

从金银器、玻璃器和秘色瓷，可以看出唐代上层饮食器具发生了很大变化，这对当时的饮食生活都产生过一定的影响。如果说，这些珍贵的饮食器具只不过是统治者阶层的专利品，它给唐人饮食生活所带来的变化并不足观的话，那么高桌大椅的出现，则可说给当时饮食方式带来了革命性的变化，这个变化又为中国烹饪的发展开辟了新的前景。

5 国瓷斑斓

古人用餐，自唐代开始，极尚瓷器。唐宋瓷中极品为影青，至元明则有青花。青花瓷属釉下彩绘，是用钴料为呈色剂，在瓷坯上描绘纹饰，然后罩上一层透明釉，经1300℃高温还原焰烧成白地蓝花的瓷器，纹样呈现明快又沉静的青蓝色。白里泛青的釉质与幽靓青翠的纹样结合，清新明丽，庄重素雅，雅俗共赏。

从扬州唐城遗址发现的青花瓷片看，最早的青花瓷可能始烧于唐代。元代时青花瓷器已渐趋成熟，至明代进入盛期，不论是景德镇的官窑还是各地民窑的生产都达到了高峰。官窑青花制作不惜工本，制作讲究，从造型到纹饰和款式都十分精美。青花用料严格，大体上可分为三个阶段：明初特别是永乐、宣德时期，以色泽浓艳的进口料“苏泥勃青”为主，那是郑和下西洋时带回的钴料；从成化到正德的明代中期，以颜色淡雅幽蓝的国产料“平等青”为主；嘉靖后，以蓝中泛紫蓝的“回青”料为主。明代民窑青花瓷十分流行，它的图案装饰突破了历来规范化的束缚，出现了大量的写意、花鸟、人物、山水以及各种动物题材的画面，构图奇巧。

明永乐、宣德时期，景德镇官窑青花瓷器的烧造，进入了一个全盛时代，这一时代被誉为青花瓷器制作的“黄金时代”。在今天的古陶瓷研究，尤其是鉴赏领域，人们最重视、最受欢迎的作品就是明早期永乐、宣德的景德镇官窑作品，有人甚至把永乐、宣德的青花名品同西方一些杰出的古典美术作品相提并论。

青花瓷受到世界各国的喜爱，早在元代青花瓷就通过“丝绸之路”等渠道远销到地中海沿岸各国，连欧洲的一些贵族和富翁们都以拥有青花瓷为荣。

元明时代制瓷业的另一个成就，是釉里红的烧造。釉里红是江西景德镇创烧于元代的一种釉下彩绘，是用氧化铜为着色剂，在瓷胎上彩绘后再覆上透明釉，经1300℃高温一次烧成。元代的釉里红制品大多呈灰黑色，器形以碗、盘、碟、罐为多，装饰花纹有缠枝莲、牡丹、松竹梅、云龙、龙凤和人物与动物等。明代时釉里红较为流行，呈色浅红而带灰色。装饰以线描为主，纹饰有缠枝菊纹、缠枝牡丹、缠技莲等，器形有瓶、壶、盘、碗等。釉里红表现手法丰富多彩，有白底红花、红底白花、青白瓷加红斑和刻花青白瓷饰红彩等多种。明清时白底红花的鱼纹饰较流行，鱼用来比喻富裕和吉祥。

清代食具中，仍以瓷器为主流，除了白瓷青瓷，更有多姿多彩的珐琅瓷和五彩瓷。

珐琅瓷用进口珐琅料在皇宫造办处制成的一种极为名贵的宫廷御用瓷器，初创于康熙晚期，盛于雍正、乾隆时期，至嘉庆初期停止生产，清末民初又有仿清珐琅瓷的产品出现。珐琅瓷除康熙时有一些宜兴紫砂胎外，都是在景德镇烧制的白瓷器上绘画图案，再二次烘烧，即成为精美的珐琅彩瓷器。

康熙珐琅瓷以红、黄、蓝、绿、紫、胭脂等色作地子，在花卉团中常加有“寿”字和“万寿无疆”等字，画作工整细腻，器物表面很少见白地。釉面有极细冰裂纹，极富立体感。雍正珐琅瓷制作更加完美，多是在白色素瓷上精工细绘，一改康熙时有花无鸟图案，除在器物上绘竹子、花鸟、山水外，还配以相宜诗句。乾隆珐琅瓷采用轧道工艺，在器物局部或全身色地上刻画纤细的花纹，然后再加绘各色图案，大量吸引西方油画技法，在题材上出现了《圣经》故事，天使、西洋美女等西洋画的内容，故又称为“洋彩”。

珐琅瓷是清代宫廷特制的一种精美的高档艺术品，也是中国陶瓷品种中产量最少的一种。乾隆皇帝曾说：“庶民弗得一窥见。”因此珐琅瓷每件都可称为独一无二的精品。它不仅有欣赏价值，同时也具有很高的收藏价值。

清朝瓷器除以青花瓷著称于世外，釉上加彩的五彩瓷也曾享誉一时。以彩色装饰瓷器的作法，起源很早，到明清两代釉上彩的配方有重大创新，以红、黄、绿、蓝、黑、紫等多种色彩绘制出画面，色彩绚丽，这便是五彩瓷。康熙时期的五彩瓷，瑰丽多彩，品种繁多，相当珍贵。它的服釉和青花、斗彩相似，色彩主要为红、黄、蓝、绿、紫、黑等，以红彩为主。康熙时期的民窑五彩瓷，在装饰上受的束缚较少，所以图案题材丰富多样，运用自如，除花卉、海鹊、仕女等，还大量采用戏曲和民间故事为题材。

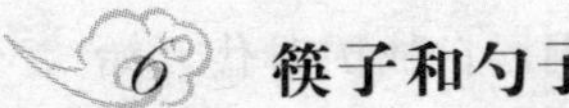

6 筷子和勺子

人类进食采用的方式，在现代社会流行最广的是这样三种：用手指，用叉子，用筷子。用叉子的人主要分布在欧洲和北美洲，用手指抓食的人生活在非洲、中东、印度尼西亚及印度次大陆的许多地区，用筷子的人主要分布在东亚大部。中国人是用筷子群体的主体，是筷子的创制者，是筷子传统的当然传人。

使用筷子的历史是何时开端的，古代中国人是如何进食的呢？

远古时代的人类最初并不知道要凭借什么餐具享用食物，甚至还没有发明任何容器和取食用具，人们随手将食物取来送达口腔，一切顺其自然，这与其他灵长类动物并没有明显区别。到了饮食生活发展的一定阶段，进步中的人类的进食方式开始有了一些变化，不仅发明了烹饪用具，也创制了一些进食器具。古代中国人使用的进餐用具，主要有勺和筷子两类，还曾一度用过刀叉。中国人使用餐叉的历史，可以追溯到5000多年前的史前时代，一些新石器晚期遗址发现了骨制餐叉。考古还发现一些商周时期的餐叉，有时墓葬中能见到数十枚骨餐叉放置在一起。不过中国历史上没有将餐叉作为首选的进食器具，它实际上是基本被淘汰出了餐桌，这显然是因为有更适用的筷子的缘故。

古代中国人使用餐勺的历史更为悠久，餐勺的起源可以追溯到距今7000年以前的新石器时代。新石器时代餐勺的制作材料，主要取自兽骨，而铜器时代则主要取用的是青铜。自战国时代开始，又出现了漆木勺。隋唐时期开始用白银大量打制餐勺，在上层社会白银打制餐勺的传统一直到宋元时代仍然受到重视。在历代皇室贵胄们的餐桌上，还常常摆有金质餐勺。勺与筷子一样，成为中华民族传统的进食器具。

最能体现中国文化特色的是筷子，它的使用可能已有5000年上下的历史，筷子被看做是中国的国粹之一。考古发现的各时代的筷子，有骨质的，有铜质的，也有金、银、玉和竹木质的。古代中国人在进食时，餐勺与箸通常是配合使用的，两者一般会同时出现在餐案上。汉代以后，比较正式的筵宴，都要同时使用勺和箸作为进食具。赏赐与贡献，匕箸也是不能分离的物件。唐宋时代筵宴上仍然要备齐勺和箸，在进食时对两者的使用范围区分得依然非常清楚。在甘肃敦煌473窟唐代《宴饮图》壁画中，绘有男女9人围坐在一张长桌前准备进食，每人面前都摆放着勺和箸，摆放位置整齐划一，可见勺与箸是宴饮时不可或缺的两种进食具。唐人薛令之所作的《自悼诗》，诗中有“饭涩勺难绾，羹稀箸易宽”的句子，将以箸食饭、以勺食羹菜的分工说得明明白白。

到了现代社会，正规的中餐宴会在餐桌上也要同时摆放勺与筷子，食客每人一套，这显然是古代传统的延续。使用筷子需要有一定的技巧，因为它是世界上所有进食具中最难掌握的一种，两支筷子之间没有任何机械性联系，全靠大拇指、食指和中指三指恰当掌握，辅以无名指的协作，方能运用自如。

华夏民族历史上拥有过世界上各地区常用种类的进食具。在所有以往使用过的进食具中，筷子具有比之刀叉还要轻巧、灵活、适用的优点，我们的历史曾经淘汰了叉子，现在的许多场合正在淘汰勺子，但筷子的地位依然稳如泰山，没有一丝动摇。筷子正在超越自我，走向手抓的和用刀叉的人群，走向广阔的世界。

《中国史话》总目录

系列名	序号	书名	作者
物质文明系列（10种）	1	农业科技史话	李根蟠
	2	水利史话	郭松义
	3	蚕桑丝绸史话	刘克祥
	4	棉麻纺织史话	刘克祥
	5	火器史话	王育成
	6	造纸史话	张大伟　曹江红
	7	印刷史话	罗仲辉
	8	矿冶史话	唐际根
	9	医学史话	朱建平　黄　健
	10	计量史话	关增建
物化历史系列（28种）	11	长江史话	卫家雄　华林甫
	12	黄河史话	辛德勇
	13	运河史话	付崇兰
	14	长城史话	叶小燕
	15	城市史话	付崇兰
	16	七大古都史话	李遇春　陈良伟
	17	民居建筑史话	白云翔
	18	宫殿建筑史话	杨鸿勋
	19	故宫史话	姜舜源
	20	园林史话	杨鸿勋
	21	圆明园史话	吴伯娅
	22	石窟寺史话	常　青
	23	古塔史话	刘祚臣

系列名	序号	书名	作者
物化历史系列（28种）	24	寺观史话	陈可畏
	25	陵寝史话	刘庆柱　李毓芳
	26	敦煌史话	杨宝玉
	27	孔庙史话	曲英杰
	28	甲骨文史话	张利军
	29	金文史话	杜　勇　周宝宏
	30	石器史话	李宗山
	31	石刻史话	赵　超
	32	古玉史话	卢兆荫
	33	青铜器史话	曹淑琴　殷玮璋
	34	简牍史话	王子今　赵宠亮
	35	陶瓷史话	谢端琚　马文宽
	36	玻璃器史话	安家瑶
	37	家具史话	李宗山
	38	文房四宝史话	李雪梅　安久亮
制度、名物与史事沿革系列（20种）	39	中国早期国家史话	王　和
	40	中华民族史话	陈琳国　陈　群
	41	官制史话	谢保成
	42	宰相史话	刘晖春
	43	监察史话	王　正
	44	科举史话	李尚英
	45	状元史话	宋元强
	46	学校史话	樊克政
	47	书院史话	樊克政
	48	赋役制度史话	徐东升
	49	军制史话	刘昭祥　王晓卫

系列名	序号	书名	作者
制度、名物与史事沿革系列（20种）	50	兵器史话	杨　毅　杨　泓
	51	名战史话	黄朴民
	52	屯田史话	张印栋
	53	商业史话	吴　慧
	54	货币史话	刘精诚　李祖德
	55	宫廷政治史话	任士英
	56	变法史话	王子今
	57	和亲史话	宋　超
	58	海疆开发史话	安　京
交通与交流系列（13种）	59	丝绸之路史话	孟凡人
	60	海上丝路史话	杜　瑜
	61	漕运史话	江太新　苏金玉
	62	驿道史话	王子今
	63	旅行史话	黄石林
	64	航海史话	王　杰　李宝民　王　莉
	65	交通工具史话	郑若葵
	66	中西交流史话	张国刚
	67	满汉文化交流史话	定宜庄
	68	汉藏文化交流史话	刘　忠
	69	蒙藏文化交流史话	丁守璞　杨恩洪
	70	中日文化交流史话	冯佐哲
	71	中国阿拉伯文化交流史话	宋　岘

系列名	序号	书名	作者
思想学术系列（21种）	72	文明起源史话	杜金鹏　焦天龙
	73	汉字史话	郭小武
	74	天文学史话	冯　时
	75	地理学史话	杜　瑜
	76	儒家史话	孙开泰
	77	法家史话	孙开泰
	78	兵家史话	王晓卫
	79	玄学史话	张齐明
	80	道教史话	王　卡
	81	佛教史话	魏道儒
	82	中国基督教史话	王美秀
	83	民间信仰史话	侯　杰　王小蕾
	84	训诂学史话	周信炎
	85	帛书史话	陈松长
	86	四书五经史话	黄鸿春
	87	史学史话	谢保成
	88	哲学史话	谷　方
	89	方志史话	卫家雄
	90	考古学史话	朱乃诚
	91	物理学史话	王　冰
	92	地图史话	朱玲玲
文学艺术系列（8种）	93	书法史话	朱守道
	94	绘画史话	李福顺
	95	诗歌史话	陶文鹏
	96	散文史话	郑永晓
	97	音韵史话	张惠英
	98	戏曲史话	王卫民
	99	小说史话	周中明　吴家荣
	100	杂技史话	崔乐泉

系列名	序号	书名	作者
社会风俗系列（13种）	101	宗族史话	冯尔康　阎爱民
	102	家庭史话	张国刚
	103	婚姻史话	张　涛　项永琴
	104	礼俗史话	王贵民
	105	节俗史话	韩养民　郭兴文
	106	饮食史话	王仁湘
	107	饮茶史话	王仁湘　杨焕新
	108	饮酒史话	袁立泽
	109	服饰史话	赵连赏
	110	体育史话	崔乐泉
	111	养生史话	罗时铭
	112	收藏史话	李雪梅
	113	丧葬史话	张捷夫
近代政治史系列（28种）	114	鸦片战争史话	朱谐汉
	115	太平天国史话	张远鹏
	116	洋务运动史话	丁贤俊
	117	甲午战争史话	寇　伟
	118	戊戌维新运动史话	刘悦斌
	119	义和团史话	卞修跃
	120	辛亥革命史话	张海鹏　邓红洲
	121	五四运动史话	常丕军
	122	北洋政府史话	潘　荣　魏又行
	123	国民政府史话	郑则民
	124	十年内战史话	贾　维
	125	中华苏维埃史话	杨丽琼　刘　强
	126	西安事变史话	李义彬
	127	抗日战争史话	荣维木

系列名	序 号	书 名	作 者
近代政治史系列（28种）	128	陕甘宁边区政府史话	刘东社　刘全娥
	129	解放战争史话	朱宗震　汪朝光
	130	革命根据地史话	马洪武　王明生
	131	中国人民解放军史话	荣维木
	132	宪政史话	徐辉琪　付建成
	133	工人运动史话	唐玉良　高爱娣
	134	农民运动史话	方之光　龚　云
	135	青年运动史话	郭贵儒
	136	妇女运动史话	刘　红　刘光永
	137	土地改革史话	董志凯　陈廷煊
	138	买办史话	潘君祥　顾柏荣
	139	四大家族史话	江绍贞
	140	汪伪政权史话	闻少华
	141	伪满洲国史话	齐福霖
近代经济生活系列（17种）	142	人口史话	姜　涛
	143	禁烟史话	王宏斌
	144	海关史话	陈霞飞　蔡渭洲
	145	铁路史话	龚　云
	146	矿业史话	纪　辛
	147	航运史话	张后铨
	148	邮政史话	修晓波
	149	金融史话	陈争平
	150	通货膨胀史话	郑起东
	151	外债史话	陈争平
	152	商会史话	虞和平
	153	农业改进史话	章　楷
	154	民族工业发展史话	徐建生
	155	灾荒史话	刘仰东　夏明方
	156	流民史话	池子华
	157	秘密社会史话	刘才赋
	158	旗人史话	刘小萌

系列名	序号	书名	作者
近代中外关系系列（13种）	159	西洋器物传入中国史话	隋元芬
	160	中外不平等条约史话	李育民
	161	开埠史话	杜　语
	162	教案史话	夏春涛
	163	中英关系史话	孙　庆
	164	中法关系史话	葛夫平
	165	中德关系史话	杜继东
	166	中日关系史话	王建朗
	167	中美关系史话	陶文钊
	168	中俄关系史话	薛衔天
	169	中苏关系史话	黄纪莲
	170	华侨史话	陈　民　任贵祥
	171	华工史话	董从林
近代精神文化系列（18种）	172	政治思想史话	朱志敏
	173	伦理道德史话	马　勇
	174	启蒙思潮史话	彭平一
	175	三民主义史话	贺　渊
	176	社会主义思潮史话	张　武　张艳国　喻承久
	177	无政府主义思潮史话	汤庭芬
	178	教育史话	朱从兵
	179	大学史话	金以林
	180	留学史话	刘志强　张学继
	181	法制史话	李　力
	182	报刊史话	李仲明
	183	出版史话	刘俐娜

系列名	序 号	书 名	作 者
近代精神文化系列（18种）	184	科学技术史话	姜　超
	185	翻译史话	王晓丹
	186	美术史话	龚产兴
	187	音乐史话	梁茂春
	188	电影史话	孙立峰
	189	话剧史话	梁淑安
近代区域文化系列（11种）	190	北京史话	果鸿孝
	191	上海史话	马学强　宋钻友
	192	天津史话	罗澍伟
	193	广州史话	张　苹　张　磊
	194	武汉史话	皮明庥　郑自来
	195	重庆史话	隗瀛涛　沈松平
	196	新疆史话	王建民
	197	西藏史话	徐志民
	198	香港史话	刘蜀永
	199	澳门史话	邓开颂　陆晓敏　杨仁飞
	200	台湾史话	程朝云

《中国史话》主要编辑出版发行人

总 策 划 谢寿光　王　正

执行策划 杨　群　徐思彦　宋月华　梁艳玲　刘晖春　张国春

统　　筹 黄　丹　宋淑洁

设计总监 孙元明

市场推广 蔡继辉　刘德顺　李丽丽

责任印制 岳　阳